Ansys
왕초보 탈출하기

†SNE (주)태성에스엔이 MBU 사업부

Σ 시그마프레스

Ansys 왕초보 탈출하기, 제7판 - 2020 R1 MECHANICAL 편

발행일 2020년 6월 1일 1쇄 발행
       2024년 2월 5일 2쇄 발행

엮은이 †SNE (주)태성에스엔이 MBU 사업부
발행인 강학경
발행처 (주)시그마프레스
디자인 이상화
편 집 김은실

등록번호 제10-2642호
주소 서울특별시 영등포구 양평로 22길 21 선유도코오롱디지털타워 A401호
전자우편 sigma@spress.co.kr
홈페이지 http://www.sigmapress.co.kr
전화 (02)323-4845, (02)2062-5184~8
팩스 (02)323-4197

ISBN 979-11-6226-267-2

이 도서의 국립중앙도서관 출판예정도서목록(CIP)은 서지정보유통지원시스템 홈페이지
(http://seoji.nl.go.kr)와 국가자료종합목록 구축시스템(http://kolis-net.nl.go.kr)에서 이용하
실 수 있습니다. (CIP제어번호 : CIP2020020416)

머리말

우리는 상상하는 것을 3차원 공간에 구현하고 실시간 시뮬레이션으로 검증하는 시대를 살아가고 있습니다. 10년 전, 20년 전에는 생각조차 못했던 지금의 설계, 제조환경 속에서 다양하고 창의적인 설계안의 도출과 정확한 검증을 위해 끊임없이 고민하고 해결방법을 찾고 있습니다.

우리의 고민을 해결하기 위해 사용하는 전산수치해석 분야는 사용자로 하여금 사용하기 쉽게 개발되고 활용할 수 있는 범위는 더욱 넓어지고 있습니다. 이와 같은 발전 추세는 멈추지 않고 더 좋은 방향으로 나아갈 것입니다. 이 책을 시작으로 많은 분들이 전산수치해석 분야를 친숙하게 접하고 공학적 호기심을 불러일으킬 수 있으면 좋겠습니다. 그리고 더 나아가서 폭넓은 해석 분야들에 대한 자료를 탐독하며 함께 성장하는 공동운명체 관계가 되기를 희망합니다.

이 책은 Ansys를 쉽게 사용하고 싶어하는 많은 분들의 요청에 의해 발간을 계획하였고, 10년이 넘는 시간 동안 수고를 아끼지 않는 직원들의 힘으로 꾸준히 내용을 보완하고 수정되어 왔습니다. 더 많은 내용을 책에 담지 못해 아쉬운 점이 있지만 이 책이 필요한 분들을 위해 더 나은 내용으로 준비할 수 있도록 노력하겠습니다.

2020년 03월
(주)태성에스엔이 MBU 사업부

차례

03　Ansys Mesh 시작하기

04 Ansys Mechanical 시작하기

05 구조 해석

06 열 전달 해석

01

Ansys 소개

1.1 Ansys Workbench

Ansys Workbench에서는 다물리계(Multiphysics)의 해석들을 구성하여 System 단계의 솔루션을 얻을 수 있습니다.

Workbench Platform은 데이터 통합관리 및 변수 제어를 기반으로 구조 해석, 유동 해석, 전자기장해석을 독립적으로 진행하거나 각 물리계 해석들을 연동하여 연성 해석(Coupled-Field Analysis)을 할 수 있도록 개발되었습니다. 이와 같은 Platform은 〈그림 1.2〉와 같이 우리가 어떤 제품을 개발해야 하는 경우에 다양한 분석을 고려할 수 있도록

그림 1.1 Ansys Workbench Platform의 구조

그림 1.2 Multiphysics Solution이 요구되는 제품 개발환경

구성되어 있습니다.

Ansys Workbench에서는 구조, 열, 전자기장, 유체, 낙하, 충돌 등의 상호작용을 고려하는 연성 해석(Coupled-Field Analysis)을 수행할 수 있으며, CAD 인터페이스 및 유한요소모델(Mesh) 생성 등의 전처리 환경과 폭넓은 분석 기능을 갖춘 후처리 환경, 설계 최적화 도구, 데이터 관리 및 작업 효율을 높이기 위한 기능들을 포함하고 있습니다.

통합된 작업환경에서는 〈그림 1.3〉과 같이 서로 다른 물리현상을 계산하는 System을

그림 1.3 전기 발열 → 열 전도 → 열 변형 현상을 고려하는 연성 해석 설정

다양한 물리계의 연성 해석 관계도

쉽게 연결할 수 있으며, 〈그림 1.4〉와 같이 독립된 혹은 상호작용이 존재하는 문제를 계산하게 됩니다.

1.2 Ansys 제품군 분류 및 해석 영역

1) 구조 해석 제품군

Ansys의 구조 해석 제품군은 구조물의 선형 및 비선형 해석, 동역학 해석을 지원하는 솔루션으로 포괄적인 엔지니어링 문제에 대응하는 다양한 요소, 재료 모델 방정식을 제공합니다. 또한 음향, 압전, 전열-구조 등의 연성 해석 기능도 갖추고 있습니다.

표 1.1	Ansys 구조 해석 제품군
Ansys 구조 해석 제품군	

- Ansys Mechanical Enterprise
  - ✓ 모든 구조 해석 및 Explicit STR, AQWA, SCDM, DX, ACP, AIM 등의 추가 모듈 사용 가능
- Ansys Mechanical Premium
  - ✓ 선형/비선형 정적 해석 및 동적 해석, 열해석, 피로 해석
- Ansys Mechanical Pro
  - ✓ 본적인 구조, 열, 진동, 피로 해석 기능

3

● 구조 해석 제품군의 활용분야 사례(Implicit)

펠티에/제벡 효과를 고려한 열전 냉각기 해석

스피커의 음향해석

하중에 의한 복합재의 파손범위 예측 해석

서스펜션 시스템의 과도 탄성역학 해석

그림 1.5 구조 해석 제품군의 활용분야 사례(Implicit)

충격이나 폭발과 같이 순간적으로 큰 하중을 이용하는 문제에서는 Ansys의 Explicit Dynamic Solution을 이용하여 문제를 해결할 수 있습니다.

Ansys Explicit Dynamic Solution은 극도의 하중을 받는 구조물에 어떠한 거동이 발생하는지를 예측할 수 있으며 순간적인 큰 변형, 재료의 비선형성, 구조체와 유동체 간의 상호작용에 대한 문제들을 쉽고 정확하게 해결할 수 있습니다. 또한 이런 특수한 상황들에 대한 높은 비선형 동적 거동 해석들을 단시간에 해석할 수 있는 장점을 가지고 있습니다.

● 구조 해석 제품군의 활용분야 사례(Explicit)

터미널 압착 및 심선 거동 해석

야구 배트 반발력 효과 검증

지뢰 폭발에 따른 장갑차 파손

포 발사 시 압력 거동 특성 해석

그림 1.6 구조 해석 제품군의 활용분야 사례(Explicit)

　　Ansys는 요소에 대한 가장 진보된 해석 알고리즘을 사용합니다. 좌굴, 붕괴, 동적 해석과 비선형 등에 폭넓게 응용할 수 있도록 Beam, Pipe, Shell, Solid, 2-D Planar/ Axisymmetric, 3-D Axisymmetric 요소 등의 많은 라이브러리를 제공하고 있습니다. 특수 목적을 위해서 사용되는 라이브러리는 Gasket, Joint, 인터페이스 요소 및 복합 적층 구조에 대한 Layered 요소 등을 제공합니다.

표 1.2	Ansys에서 사용 가능한 요소들
Solid Elements	**Coupled-Field Elements**
2D Quad/Tri	Pore Pressure Elements
3D Hexa/Tetra/Wedge/Pyramid	Fluid-Thermal
Layered Solids	Magneto-Structural
Solid Shell	Thermal-Electric
4-Node Tetra	Hydrostatic Fluid Elements
Shell Elements	**Special Elements**
Lower/Higher Order	Rebars/Reinforcements
Layered Shells	Link/Pipe/Elbow
Beam Elements	Spring/Joint
	Cohesive Zone
Multi-Material Beam Analysis	Gasket
Beam Cross Section Definition	User Elements

　설계나 엔지니어링 프로그램의 결과를 분석하기 위해서는 재료의 거동을 이해하고 정확하게 구현하는 것이 중요합니다. Ansys는 탄성, 점탄성, 소성, 점소성, 크리프, 초탄성, 가스켓, 이방성 등의 광범위한 재료 모델을 제공합니다. 이와 같은 재료 모델을 사용하여 금속, 고무, 플라스틱, 유리, 고무, 콘크리트, 신체 조직, 특수합금 등의 다양한 종류

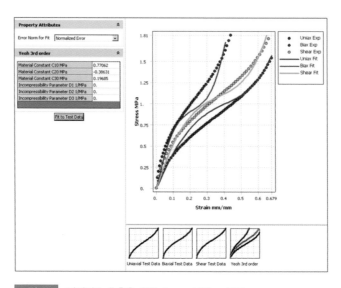

그림 1.7　매개변수 추출을 위한 Curve Fitting 도구

를 시뮬레이션할 수 있습니다. 또한 재료 모델에 대한 매개변수를 찾을 수 있도록 Curve Fitting 도구를 제공합니다.

표 1.3	Ansys에서 사용 가능한 재료 물성	
Material Models		**Other Models**
Isotropic/Orthotropic Elasticity		Case Iron Plasticity
Multilinear Elasticity		Drucker-Prager
Hyperelasticity		Shape Memory Alloy
Anisotropic Hyperelasticity		Swelling Material Model
Bergstrom-Boyce		Gasket Material
Mullins Effect		Concrete
Plasticity		Gurson Damage
Viscoelasticity		User Define Material
Viscoplasticity		
Creep		

2) 유동 해석 제품군

전산유체역학(CFD)은 유체와 관련된 물리현상을 계산하는 엔지니어링 기법입니다. Ansys CFD는 세계적으로 유명한 Ansys Fluent와 Ansys CFX의 두 제품을 사용할 수 있습니다. Ansys Fluent와 Ansys CFX는 범용 유체 해석 소프트웨어 중에서도 특히 우수한 평가를 받고 있는 제품이며, 높은 신뢰성과 뛰어난 기능으로 다양한 분야에 적용되고 있습니다. 그 외 최근에 인수한 결빙 해석 소프트웨어인 FENSAP-ICE와 IC엔진 해석 소프트웨어인 Forte도 포함되어 있습니다.

표 1.4	Ansys 유동 해석 제품군
Ansys 유동 해석 제품군	

- **Ansys CFD Enterprise**
  - ✓ 범용 열 유동 해석
  - ✓ Ansys FLUENT/CFX를 포함한 유동 해석 제품을 사용 가능
  - ✓ FENSAP-ICE, Forte, Polyflow, DX, Simplorer Entry 등의 추가 모듈 포함
- **Ansys CFD Premium**
  - ✓ 압력/밀도 기반 정상/비정상 상태의 유동 해석
  - ✓ 다양한 난류 모델 및 다상해석 기능 지원

● 유동 해석 제품군의 활용분야 사례

밸브를 통과하는 유동 특성 분석

전자장비의 냉각해석 온도 분포

가솔린 엔진의 내부 연소과정 분석

로터의 회전을 고려한 유체 흐름 분석

그림 1.8 유동 해석 제품군의 활용분야 사례

3) 전자기 회로 시스템 분석 제품군

Ansys는 고성능 전자 장비와 전기 기기의 설계를 위한 전자기, 회로 및 시스템 분야 시뮬레이션을 선도하는 프로그램입니다. 세계 유수의 기업들은 이동 통신, 인터넷 접속, 광대역 네트워킹 부품과 시스템, 집적 회로(ICs) 및 인쇄 회로 기판(PCBs) 설계에 Ansys의 전자기 솔루션을 사용하고 있으며, 그 외에도 자동차 부품 및 전력 전자 시스템과 같은 전기 기기 시스템 설계에도 Ansys의 전자기 솔루션을 활용하고 있습니다. Ansys HFSS, Ansys SIwave와 Ansys Maxwell과 같이 업계 표준으로 자리 잡은 제품들을 사용함으로써 여러 차례의 시제품 제작을 반복하지 않고도 전자 제품의 성능을 예측할 수 있습니다.

표 1.5	Ansys 전자기 해석 제품군

EM(Electro-Mechanical/Electro-Magnetic)

Ansys Maxwell 2D/3D 2D/3D 저주파 전자장 해석	Ansys Simplorer 통합(융합) 시스템 시뮬레이션 · Circuit Simulator · Block Diagram Simulator · State Machine Simulator
Ansys PExprt Analytic 방법 및 2D FEM을 이용한 인덕터/ 변압기 설계 및 해석	
Ansys RMxprt 자기 등가회로법을 이용한 모터 설계 및 해석	

SI(Signal Integrity)

Ansys Q2D/Q3D Extractor MOM 기법을 이용한 Parasitic R L C G matrix를 주파수 별로 추출하여 Spice/IBIS 모델을 자동 생성	Ansys SIwave Full-wave FEM을 이용한 PCB, IC Package의 SI/PI/EMI 해석

HF(High Frequency)

Ansys HFSS 3D 구조의 고주파 전자장 해석	Ansys Designer · Signal Integrity 통합 설계 · High Frequency 통합 설계

● **전자기 회로 시스템 분석 제품군의 활용분야 사례**

휴대전화의 EMI 방사 분석

그림 1.9 전자기 회로 시스템 분석 제품군의 활용 사례

소비전력과 전류밀도를 고려한 온도 분포 분석(Ansys SIwave와 Icepak 사용)

회로/신호 시스템을 고려한 모터의 성능 분석

그림 1.9 전자기 회로 시스템 분석 제품군의 활용 사례 (계속)

1.3 Ansys Workbench의 확장성

Ansys Workbench는 Open Platform을 지향하고 있습니다. Python Journal File을 사용하여 자동화 해석 환경을 구현하거나, MATLAB, Excel과 같은 외부 S/W들과 Data를 주고받는 해석 환경을 구현할 수 있습니다. 이러한 기능들을 구현하는 방법들 중에 ACT(Application Customizing Toolkits)를 이용하는 방법이 있습니다. ACT(Application

Customizing Toolkits)의 세부내용을 살펴보면 다음과 같습니다.

● Ansys Application Customizing Toolkits(Ansys ACT)

Ansys는 이제 기본적으로 설치되는 프로그램에 여러 가지 다양한 기능을 모두 탑재하지 않고, 스마트폰과 같이 사용자마다 추가로 필요한 기능을 다운받아서 사용할 수 있는 App Store(http://appstore.Ansys.com)를 제공하여, 기본 프로그램은 가볍게 유지하고, 필요한 기능은 선택적으로 다운받아 사용할 수 있도록 제공하고 있습니다. App Store에 업로드된 ACT Extension들은 Ansys WB에서는 제공하지 않거나 번거로웠던 작업을 쉽게 할 수 있도록 개발한 일종의 플러그인 모듈이라고 할 수 있으며, Ansys 정식 사용자라면 Ansys Customer Portal에 접속하여 필요한 기능들을 다운받은 후 Workbench 환경에 설치하여 사용할 수 있습니다.

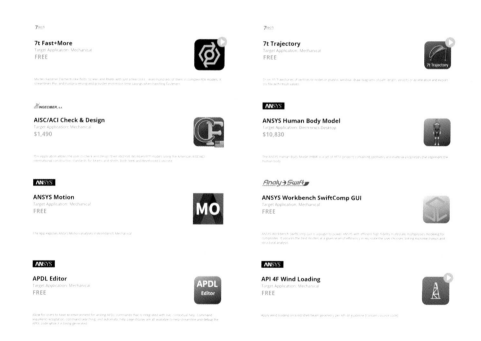

그림 1.10 Ansys ACT Extension Library 목록 중 일부

02

Ansys 시작하기

2.1 Ansys 설치 컴퓨터 제원 및 설치 순서

1) 컴퓨터 제원

Ansys Workbench는 범용 유한요소해석 프로그램으로 시스템 자원을 비교적 많이 필요로 하는 대형 응용 프로그램에 속합니다. 따라서 몇 가지 기본적인 사항이 충족되어야만 무리 없이 Ansys를 실행시킬 수 있습니다. 단, 아래 시스템은 개인 컴퓨터를 기준으로 한 것이며, Ansys 실행에 필요한 최소 사양입니다. 여기에서 주의할 사항은 보조저장장치의 경우 프로그램 설치를 위해 필요한 최소 공간이기 때문에 설치 이후에 프로그램 구동에 필요하게 되는 최소 4~5GB의 작업공간까지 고려해야 합니다. 보다 자세한 내용은 Ansys 홈페이지의 Platform Support를 참고하시기 바랍니다.

〈표 2.1〉의 요구사항은 Ansys Workbench를 수행하기 위한 최소 기준이며, 복잡한 제품을 해석하기 위해서는 보다 높은 사양이 필요할 수 있으며, 각 제품군에 따른 시스템 사양은 Platform Support 홈페이지에서 확인해야 합니다.

설치 시 꼭 확인해야 하는 사항은 Ansys 사의 제품군은 아직 한글을 완벽하게 지원하지 않기 때문에 컴퓨터의 이름이 한글이거나, 로그인 계정이 한글인 경우에 실행이 되지 않을 수 있습니다. 확인한 후에 영문으로 변경하고 설치를 시작해야 합니다.

표 2.1	Ansys 설치를 위한 최소한의 시스템 사양
Ansys 설치를 위한 시스템 요구사항	
중앙처리장치(CPU)	Intel 및 AMD CPU 지원
메모리(RAM)	최소 4GB 이상, 16GB(64bit) 이상 권장
설치 공간(HDD)	각 제품당 설치 용량 확인(최소 4~5GB)
그래픽 출력장치(VGA)	AMD : FirePro, FirePro W, Radeon Pro NVDIA : GeForce, Quadro 계열 지원 Intel : Iris Pro Graphics
운영체제(O/S)	Windows 10 Windows Server 2016, 2019 Red Hat Enterprise Linux(RHEL) 7.4~7.7 SUSE Enterprise Linux Server(SLES) 11 SP3, SP4 SUSE Enterprise Linux Server(SLES) 12 SP2~SP4 CentOS 7.4~7.7(some products only) (*운영체제는 64bit만 지원)

2) 프로그램 설치

Ansys는 해석 범위에 따라 Ansys Mechanical Enterprise, Ansys Mechanical Premium, Ansys Mechanical Pro 등의 여러 가지 제품으로 나뉘어 있습니다. 하지만 제품 종류에 따른 설치 방법의 차이는 없으며, 보유한 라이선스에 따라 제품의 종류가 결정됩니다. 자세한 설치 방법은 태성에스엔이 홈페이지 → 기술지원 → '제품설치안내' 게시판 자료를 참고하시기 바랍니다.

태성에스엔이 홈페이지 주소 : http://www.tsne.co.kr

2.2 Ansys Workbench 실행

Ansys Workbench의 실행방법에는 두 가지가 있습니다.

1) Ansys Workbench 아이콘 실행

Workbench 모듈들은 하나의 아이콘으로 실행됩니다.

※ 경로 : 윈도우 > Ansys (Version) > Workbench (Version)

그림 2.1 Workbench 시작하기

2) CAD Program으로부터 실행

❶ CAD Program 설치 후 Ansys Workbench를 설치하면 CAD Program 메뉴에 Ansys 항목이 생성됩니다. (단, 해당 License 및 Plug-In 기능을 지원하는 환경에서 가능합니다.)

❷ CAD Program에서 Modeling 작업 후, 메뉴에서 Ansys의 Workbench를 실행합니다.

❸ Ansys Workbench는 자동으로 Geometry System을 구성하고, 작업 중이었던 CAD Model을 적용합니다.

그림 2.2 CAD 환경에서 시작하기

2.3 Ansys Workbench 사용환경

Workbench의 화면구성은 기본적으로 Toolbox 영역, Project Schematic, Toolbar & Menu Bar 세 부분으로 구분할 수 있습니다. Engineering Data(재료 물성 설정),

DesignXplorer(최적화 해석)와 같은 Application은 실행에 따라서 화면구성이 Tab을 통해 변환됩니다. 또한 실행 중인 Application 또는 Workspace에 따라 Tables, Charts와 같은 여러 개의 작업 창으로 화면이 구성되며, [Menu Bar > View > 항목]에서 화면 표시 여부를 설정할 수 있습니다.

그림 2.3 Workbench의 기본 화면 구성

1) Toolbar & Menu Bar

그림 2.4 Toolbar & Menu Bar

Toolbar는 Menu의 주요 기능들이 배치되어 있으며, 버튼을 클릭하면 아래와 같은 기능들이 수행됩니다.

- **New & Open** : 새로운 프로젝트를 생성하거나 저장된 프로젝트를 불러들입니다.
- **Save & Save as** : 현재 프로젝트를 저장하거나 새로운 다른 이름으로 저장합니다.
- **Refresh Project** : 프로젝트의 변경된 내용을 새롭게 적용합니다.
- **Update Project** : 프로젝트의 변경된 내용을 새롭게 적용하고 모든 항목을 업데이트합니다.
- **Import...** : 이전 버전의 프로젝트 파일을 불러들이거나 Application이 저장된 파일을 불러들입니다.
- 상단의 Tab을 통해 Workbench의 다른 작업 창(Engineering Data, Design Exploration)으로 들어가거나 기존의 Project Schematic 창으로 복귀합니다.

2) Toolbox

Toolbox는 4개의 하위그룹으로 구분되어 있으며, 각각에 대해 살펴보면 다음과 같습니다.

- **Analysis Systems**

다양한 종류의 해석 수행을 위한 시스템들을 포함하고 있습니다. 각 시스템은 Pre-processing부터 Post-processing에 대한 항목들로 구성되어 있습니다.

- **Component Systems**

Pre-Processing 및 Post-Processing의 항목들을 독립적인 설정환경으로 수행할 수 있는 시스템들로 구성되어 있습니다. 그 외에도 다양한 독립된 Application 수행 시스템들을 포함합니다. Geometry 시스템을 예로 설명하면, 별도의 Geometry 시스템에서 모델을 생성하거나 다른 CAD Tool에서 불러들인 모델을 시스템 연결에 따라 여러 Analysis System의 Geometry Source로 사용할 수 있도록 구성할 수 있습니다.

- **Custom Systems**

연성 해석 수행을 위해 미리 구성된 시스템들을 담고 있으며, 사용자가 임의로 해석 시스템을 정의할 수도 있습니다.

- **Design Exploration**

매개변수(Parameter)를 이용한 해석 및 최적화 해석을 수행하기 위한 시스템들을 담고 있습니다.

그림 2.5 Toolbox의 구성 (라이선스에 따라 달라짐)

Toolbox 하단에 [View All/Customize…] 항목을 클릭하면 Toolbox Customization 창이 나타납니다. Toolbox Customization은 Toolbox Templates 항목에 표시 여부를 설정할 수 있습니다.

그림 2.6 Toolbox Customization를 사용한 Toolbox 항목에 표시 여부

3) Project Schematic

Project Schematic은 유한요소해석을 진행하기 위해 해석 시스템들을 구성할 수 있는 작업 공간입니다. 구성된 시스템들로 유한요소해석의 작업 흐름을 명확히 볼 수 있으며, 이때 프로젝트 내의 작업 흐름은 항상 왼쪽에서 오른쪽으로 진행됩니다. 〈그림 2.7〉에

그림 2.7 Links Connecting System

표현된 Links Connecting System은 독립된 두 시스템의 데이터 호환 및 전달에 대한 관계를 보여주고 있습니다.

하나의 시스템 블록은 여러 개의 Cell로 구성되어 있으며, 각각의 Cell은 해석의 전처리(Pre-Processing)부터 후처리(Post-Processing)까지 다양한 설정을 위한 항목들로 정의되어 있습니다. Cell Number는 1번부터 시작하여 정의되며, 각 항목들은 해석 작업을 진행하는 흐름의 순서에 따라 배치되어 있습니다. 따라서 이전 과정(Upstream)이 설정되지 않으면 하위 과정(Downstream)의 설정을 진행할 수 없습니다. 위의 그림에서 Static Structural System은 B시스템입니다. B시스템을 기준으로 Cell의 내용에 대해 살펴보면 〈표 2.2〉와 같이 나타낼 수 있습니다.

표 2.2	구조 해석 시스템에서의 각 Cell의 작업 내용	
Cell 번호	Cell 구분	설명
B1	Static Structural	진행하는 해석 시스템의 명칭(해석 분야)
B2	Engineering Data	재료 물성 설정에 관한 항목
B3	Geometry	CAD 모델 설정에 관한 항목
B4	Model	격자(Mesh) 및 모델 구성에 관한 항목
B5	Setup	해석 조건 설정에 관한 항목
B6	Solution	해석 수행에 관한 항목
B7	Results	해석 결과 검토에 관한 항목

Cell 우측에는 시스템 설정 상태를 나타내는 아이콘(Icon)이 위치하고 있어서 현재 시스템 상태를 쉽고 빠르게 확인할 수 있습니다. 〈표 2.3〉은 각각의 아이콘마다 나타내는 Cell의 상태를 설명하고 있습니다.

표 2.3	아이콘 모양에 따른 Cell의 상태 설명	
아이콘	Cell 상태	설명
✓	Up to Data	최신 Data가 정의되어 있음
⟳	Refresh Required	Upstream data가 변경되어 Cell을 Refresh해야 함
⚡	Update Required	Cell Refresh가 완료되었으며 Update가 필요함

표 2.3	아이콘 모양에 따른 Cell의 상태 설명 (계속)	

아이콘	Cell 상태	설명
?	Unfulfilled	Upstream data가 정의되지 않은 경우
?	Attention Required	선택한 Cell이나 Upstream Cell의 정의가 필요함
✗	Update Failed	Cell의 업데이트나 Output 계산과정이 실패하였음
✓	Input Changes Pending	Cell은 최신 Data로 정의되어 있으나, Upstream의 변화 때문에 다음 Update가 진행되면 내용이 변경될 수 있음

4) Project File List

Ansys Workbench에서 프로젝트를 저장하게 되면, 해석과 관련된 파일들을 포함하는 폴더와 그 폴더를 관리하는 하나의 프로젝트 파일이 생성됩니다. 프로젝트 파일(.wbpj)은 사용자에 의해 정의된 이름으로 저장되며 폴더는 프로젝트 파일의 이름 뒤에 "_files"를 포함하는 이름으로 저장됩니다. 예를 들어 저장 시에 [MyFile]이란 이름으로 프로젝트를 저장하면, [MyFile.wbpj] 파일과 프로젝트 이름을 사용한 [MyFile_files]라는 폴더가 생성됩니다.

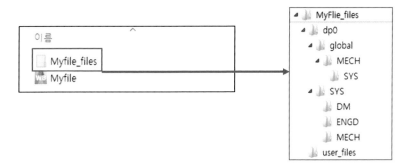

그림 2.8 프로젝트 파일과 프로젝트 폴더

Workbench에서 프로젝트를 저장한 후에는 가능하면 관련 파일과 폴더의 경로를 변경하지 않을 것을 추천합니다. 이는 프로젝트 폴더 내에 포함되어 있는 관련 자료들이 여러 개의 서브 폴더로 이루어져 각각의 단계에 필요한 파일을 포함하고 있기 때문입니다. 저장된 관련 자료를 찾을 때에는 [Main Menu > View > Files]를 선택하여 File View 창에서 파일들의 저장 위치를 확인할 수 있습니다.

	A	B	C	D	E	F
1	Name ▼	Ce... ▼	Size ▼	Type ▼	Date Modified ▼	Location ▼
2	Myfile.wbpj		44 KB	Workbench Project File	2019-07-31 오후 2:55:28	D:₩ANSYS
3	EngineeringData.xml	A2,B2	26 KB	Engineering Data File	2019-07-31 오후 2:55:28	dp0₩SYS₩ENGD
4	designPoint.wbdp		105 KB	Workbench Design Poin	2019-07-31 오후 2:55:28	dp0
5	SYS.scdoc	A3,B3	25 KB	Geometry File	2019-07-31 오후 2:56:53	dp0₩SYS₩DM
6	material.engd	A2,B2	27 KB	Engineering Data File	2019-07-31 오후 2:57:15	dp0₩SYS₩ENGD
7	SYS.engd	A4	27 KB	Engineering Data File	2019-07-31 오후 2:57:15	dp0₩global₩MECH
8	CAERep.xml	A1	13 KB	CAERep File	2019-07-31 오후 2:58:31	dp0₩SYS₩MECH
9	CAERepOutput.xml	A1	849 B	CAERep File	2019-07-31 오후 2:58:38	dp0₩SYS₩MECH
10	ds.dat	A1	1 MB	.dat	2019-07-31 오후 2:58:31	dp0₩SYS₩MECH
11	file.DSP	A1	2 KB	.dsp	2019-07-31 오후 2:58:36	dp0₩SYS₩MECH
12	file.rth	A1	1 MB	.rth	2019-07-31 오후 2:58:37	dp0₩SYS₩MECH
13	file0.err	A1	611 B	.err	2019-07-31 오후 2:58:37	dp0₩SYS₩MECH
14	MatML.xml	A1	27 KB	CAERep File	2019-07-31 오후 2:58:31	dp0₩SYS₩MECH
15	solve.out	A1	25 KB	.out	2019-07-31 오후 2:58:37	dp0₩SYS₩MECH

그림 2.9 Project File List

5) Properties List

Workbench의 프로젝트 창에서 [Main Menu > View > Properties]를 선택하면 Properties List를 확인할 수 있습니다. Properties List에서는 시스템 블록에서 선택한 Cell의 속성 정보를 확인하고 내용을 변경할 수 있습니다. 선택한 Cell에 따라서 다른 항목의 리스트가 나타나며, 그림과 같이 Geometry Cell을 클릭한 경우, DesignModeler 또는 Mechanical/Mesh Applications에서 CAD 모델을 불러들이는 과정에 관한 속성들이 나타납니다. Cell 위에서 [우 클릭 > Properties]를 선택하셔도 Properties List가 활성화됩니다.

그림 2.10 Properties List

6) Table

실행 중인 Application 또는 Workspace에 따라 나타나는 Table 창에서는 표 형식으로 작성된 데이터를 확인할 수 있습니다. 만약 작성된 데이터가 선택한 Cell에 대해 독립적인 데이터라면, 직접 입력하여 데이터를 변경할 수 있습니다. 또한 추가적인 데이터를 입력해야 할 경우에는 데이터 행렬 맨 아래 "*" 표시 부분에 새로운 값을 입력한 후, 키보드 [ENTER] 버튼을 눌러 새로운 행을 생성할 수 있습니다. 작성된 데이터는 행렬 상단 (1행)의 Filter Item(🔻)을 사용하여 정렬시킬 수 있습니다.

	B	C
1	Cycles 🔻	Alternating Stress (Pa) 🔻
2	10	3.999E+09
3	20	2.827E+09
4	50	1.896E+09
5	100	1.413E+09
6	200	1.069E+09
7	2000	4.41E+08
8	10000	2.62E+08
9	20000	2.14E+08
10	1E+05	1.38E+08
11	2E+05	1.14E+08
12	1E+06	8.62E+07
*		

그림 2.11 물성 데이터 입력 시 Table 사용

7) Chart

Chart 창은 선택된 항목에 대해 Chart로 살펴볼 수 있으며, 그 종류는 〈표 2.4〉에 나열하였습니다. Chart는 Editing Parameters, Engineering Data, Design Exploration Systems 등에서 사용할 수 있습니다.

표 2.4 사용할 수 있는 Chart의 종류
Chart의 종류
XY Plot, XYZ Plot, Pie Chart, Spider Chart, Parallel Coordinate Plot, Correlation Matrix

그림 2.12 Chart의 종류

8) Messages

Messages 창은 Solver Messages, Status Messages, Error 등과 같은 내용을 표시합니다. Ansys Workbench 창 오른쪽 하단의 아이콘을 선택하거나 또는 [Main Menu > View > Messages]에서 Messages 창을 활성화 또는 비활성화할 수 있습니다.

9) Progress

Progress 창은 프로젝트 창이 업데이트되는 동안의 진행상태를 보여줍니다. Workbench 창의 Update Project 버튼을 선택하여 해석을 수행하는 경우, 아래 그림과 같이 하단에 초록색 바를 통해 진행상태를 표시하며, 측면의 버튼을 사용하여 진행을 정지할 수도 있습니다. Progress 창은 Workbench 창 오른쪽 하단에 Progress 버튼을 선택하거나 [Main Menu > View > Progress]에서 활성화 또는 비활성화할 수 있습니다.

그림 2.13 Workbench 창에서 Progress 진행 확인

2.4 단위계 설정

Ansys Workbench에서는 기존에 제공되는 단위계(Unit Systems)를 그대로 사용하거나, 사용자 정의 단위계(Unit Systems)를 사용할 수 있습니다. [Main Menu > Units > Unit Systems]에서 기존 단위계(Unit Systems)를 복사, 수정하여 사용자 정의 단위계(Unit Systems)를 생성할 수 있으며, 생성된 단위계(Unit Systems)는 내보내기(Export) 또는 불러오기(Import)가 가능합니다. 보통 Workbench 창에서 정의된 단위계는 Engineering Data, Parameters, Charts에 사용되며, 다른 Application(Mechanical, CFX, FLUENT, MAXWELL 등)에는 Workbench에서 설정한 단위 시스템이 적용되지 않고, 각각 별도의 단위계 설정 메뉴를 통해 정의할 수 있습니다.

그림 2.14 단위 시스템 설정

2.5 해석 시스템 구성

1) 단일해석 시스템

Toolbox에서 선택한 각각의 시스템을 Drag & Drop-Down 또는 더블 클릭으로 Project Schematic 영역에 시스템 블록을 생성시킬 수 있습니다.

● **단일 시스템 블록 생성**

Toolbox에서 생성시키고 싶은 시스템 블록을 클릭한 상태로 있으면 Project Schematic 영역 안에 초록색 점선의 Box 표시가 나타납니다. 초록색 점선 영역 안으로 Drag & Drop-Down하여 해석 시스템을 생성합니다.

그림 2.15 단일해석 시스템 생성 방법

● Geometry System과 연결된 단일 시스템 블록 구성

Component Systems에서 Geometry System을 선택하여 CAD model을 Source로 사용한 독립된 단일 시스템들을 생성할 수 있습니다. 먼저 앞서 설명한 '단일 시스템 블록 생성' 과 동일한 방법으로 Geometry System 블록을 생성한 후, 새롭게 연결할 해석 시스템 블

록을 Geometry System 블록의 Box 안에 Drag & Drop-Down하여 해석 시스템을 생성합
니다. Geometry System을 Source로 사용할 수 있기 때문에 여러 개의 해석 시스템을 연
결할 수 있습니다.

그림 2.16 Geometry System과 Static Structural 시스템 연결하기

또는 반대로 Geometry System 내의 Geometry Cell을 선택하여 다른 해석 시스템 블록
의 Geometry Cell에 Drag & Drop하면 독립적인 시스템들을 연결할 수 있습니다.

그림 2.17 Geometry Cell을 Drag & Drop해서 독립적인 시스템을 연결

2) 연성해석 시스템

연성 해석은 서로 다른 물리계의 해석 시스템을 연결하여 상호작용하는 조건들을 고려하면서 해석을 수행하는 것을 의미합니다. 열 전달 · 구조 연성 해석을 예로 들면, 해석 모델에 가해지는 열 하중에 대한 열 전달 해석을 수행하고 결과값인 열 분포상태를 구조해석의 초기 조건으로 전송합니다. 결과적으로 해석 모델에 적용된 열 분포 하중에 대한 열 변형을 해석할 수 있습니다.

❶ 정상 상태 열 전달 해석을 위한 Steady-State Thermal System을 생성한 후, Static Structural System을 Thermal System의 Solution Cell에 Drag & Drop-Down합니다. 구성된 연성해석 시스템을 살펴보면 2번 Cell부터 4번 Cell까지의 연결은 재료 물성, 해석 모델, 격자 모델 항목이 동일하게 사용할 수 있도록 공유되어 있으며, 초기 시스템의 6번 항목인 Solution Cell과 연결 시스템의 5번 항목인 Setup Cell의 연결은 서로 다른 물리계 간의 상호작용이 가능하도록 데이터 전송이 가능합니다.

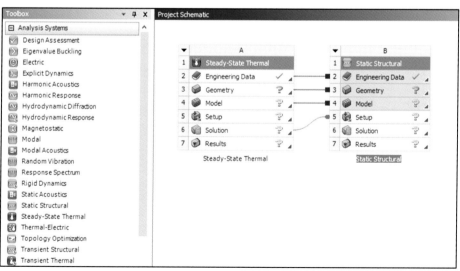

그림 2.18 Steady-State Thermal System과 Static Structural System 연성해석

❷ 또한 Solution Cell에서 마우스 오른쪽 버튼을 클릭하여 "Transfer Data to New" 기능 사용으로 연성해석 시스템을 구성할 수 있습니다.

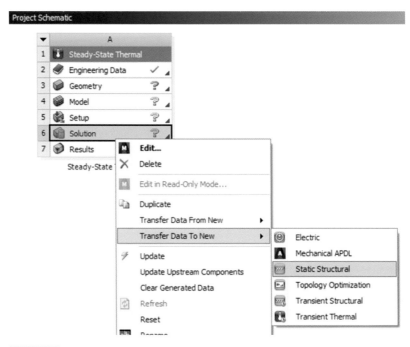

그림 2.19   Steady-State Thermal System과 연성해석이 가능한 시스템

❸ Toolbox의 Custom Systems에는 연성해석에 대한 시스템이 미리 설계되어 있습니다. 원하는 시스템을 더블 클릭하여 Project Schematic 영역에 생성할 수 있습니다. Project Schematic에서 마우스 오른쪽 클릭하여 Context Menu의 "Add to Custom"을

그림 2.20   Custom Systems을 사용하여 연성해석 설계

선택하면 사용자가 구성한 시스템을 Custom Systems Group에 저장할 수 있습니다.

3) 해석 시스템 수정

● 독립된 상태로 해석 시스템 복사하기

해석 문제를 접하다 보면 여러 조건으로 다양하게 해석을 수행해야 하는 경우가 발생합니다. 이런 경우 생성된 해석 시스템을 복사하여 사용하면 여러 조건에 대해 빠르고 쉽게 진행할 수 있습니다. 해석 시스템을 복사하여 또 다른 시스템 블록을 생성하는 방법은 시스템 블록 상단 1번 Cell에서 마우스 오른쪽 버튼으로 Duplicate를 실행하면 독립된 상태의 시스템 블록이 복사되어 생성됩니다.

그림 2.21 시스템 복사하기

● 초기 조건을 공유하는 해석 시스템 복사하기

해석 시스템에서 설정된 조건을 공유하여 복사하려면 시스템 블록의 각 Cell에서 Duplicate를 실행해야 합니다. Geometry Cell에서 Duplicate를 실행하면 Geometry Cell 이전까지의 Cell이 공유되어 복사됩니다. Setup Cell에서 Duplicate를 실행하면 다음과 같이 재료 물성(Engineering Data)과 CAD 모델(Geometry), 격자(Model)를 Source로 연결하여 공유하는 해석 시스템이 생성됩니다. 격자가 공유되는 시스템 구성에서는 Solution Combination 기능으로 두 해석 결과를 합쳐서 하나의 결과로 살펴볼 수 있는 기능을 제공하고 있습니다.

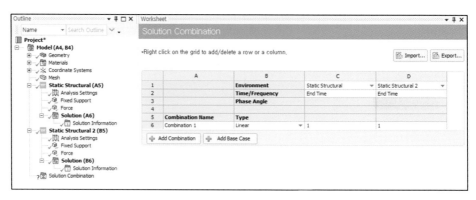

그림 2.22 Solution Combination 기능

● 해석 시스템 변경

이미 구성된 해석 시스템의 종류를 변경하려면 Replace 기능으로 변경할 수 있습니다.

그림 2.23 Static Structural 시스템에서 교체 가능한 해석 시스템

● **시스템 재배치**

여러 단계의 연성 해석 시스템을 구성하는 경우, 이미 생성된 시스템들 때문에 추가적인 구성이 복잡해지거나 어려운 상황이 된다면 생성된 시스템을 이동하여 재배치해야 합니다. 시스템 블록 1번 Cell(Head Cell)을 Drag & Drop-Down하여 원하는 위치에 옮겨 놓습니다. 단, 시스템을 이동하려면 시스템 간의 연결 관계가 없어야 합니다. 연결되어 있다면 링크를 삭제한 이후에 진행해야 합니다.

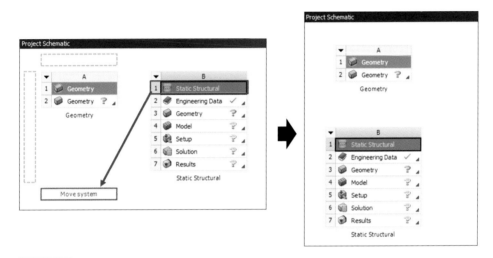

그림 2.24 시스템 구성 재배치 방법

2.6 시스템 소개

1) Analysis Systems

Ansys Workbench에서 해석을 시작하려면 Toolbox로부터 Analysis System을 선택해야 합니다. 해석 종류를 선택할 때는 경우에 따라 필수적인 Component System을 같이 구성해야 합니다.

● **Electric**

직류 전기 해석을 지원합니다. Voltage 또는 Current Loads에 대하여 도체에 작용하는 전류, 전압, 발열 분포를 구할 수 있습니다.

● **Explicit Dynamics**

Stress Wave의 전달, Impact 또는 빠른 변형에 대한 구조물의 거동 반응 해석을 지원합니다.

● Fluid Flow(CFX)

Ansys CFX를 이용하여 압축성, 비압축성 유체의 유동과 복잡한 형상에서의 열 전달에 대한 유체 유동을 해석할 수 있습니다. Geometry와 Mesh를 불러올 수 있으며, 물성과 경계조건, Solution Parameters를 정의하고, 해석하고, 결과를 확인하며, 보고서 작성기능까지 수행할 수 있습니다.

● Fluid Flow(FLUENT)

압축성, 비압축성 유체의 유동과 열 전달 해석 등을 할 수 있습니다. 사용자는 Model, Material, Boundary Condition, Solution Parameter를 정의하여 해석할 수 있습니다. FLUENT는 Workbench로부터 Mesh와 Geometry를 정의할 수 있습니다. 그리고 적절한 Mathematical Model(예 : Low-Speed, High-speed, Laminar, Turbulent 등)과 물성, 경계 조건을 정의하고, 해석을 수행하기 위하여 Solution Control을 정의할 수 있습니다. 해석을 수행하고 FLUENT 또는 CFD-Post에서 결과를 확인할 수 있습니다.

● Harmonic Response

구조물에 Sine 형태의 주기적인 하중이 작용할 때 적용되는 해석 방법입니다. 구조물의 공진 특성을 분석할 수 있으며, 피로 해석이 기본 데이터로 사용할 수도 있습니다.

● IC Engine

엔진 내부의 유동을 설정하고 해석하는 데 사용합니다.

● Eigenvalue Buckling

고유치 좌굴은 이상적인 탄성 구조물의 이론 좌굴 분석에 사용됩니다. 좌굴이 발생하는 시점에서의 좌굴 하중과 좌굴 형상을 분석할 수 있습니다.

● Magnetostatic

전기기기의 전자기적 특성을 파악할 수 있습니다. DC 모터, 솔레노이드, 액츄에이터, 변압기, 차단기 등의 해석에 유용합니다.

● Modal

구조물의 고유진동수 분석에 사용합니다. 각 차수 별 고유진동 주파수와 그때의 모드 형상을 파악할 수 있습니다.

● Random Vibration

불규칙한 진동 하중이 작용하는 구조물의 반응을 파악할 수 있도록 합니다. 과도 하중이 측정 시마다 달라지는 경우에 주로 사용합니다.

● Response Spectrum

구조물의 스펙트럼 분석에 사용됩니다. 과도 하중이 시간 이력에 대해서는 변동이 있으나 측정 시마다 달라지지는 않는다는 가정하에 적용합니다. 시간 영역의 과도 해석을 하지 않고 구조물의 최대 응답 특성을 구할 수 있습니다.

● Topology Optimization

무게를 최소화하면서도 강성의 저하를 막을 수 있는 재료의 분포를 구하여 줍니다. 개념 설계와 같은 초기 형상을 선정하는 과정에서 유용합니다.

● Static Structural

정 하중 조건에서의 변위(Displacement), 응력(Stress), 변형률(Strain) 등을 구할 수 있습니다. 단, 관성(Significant Inertia), 감쇠 효과(Damping Effects) 등은 고려되지 않습니다.

● Steady-State Thermal

정상상태의 온도 분포를 계산합니다. Transient Thermal Analysis를 수행하기에 앞서서 Steady-State Analysis의 결과를 초기 조건으로 적용할 수도 있습니다.

● Thermal-Electric

Thermal과 Electric Fields를 둘 다 한꺼번에 고려하여 해석을 수행합니다. 일반적인 열-전기 해석뿐만 아니라 열에너지와 전기에너지가 서로 변환되는 Seebeck, Peltier, Thomson 효과도 해석 가능합니다.

● Transient Structural

시간 이력을 가지는 과도 구조 해석을 수행합니다. 과도 하중에 대한 구조물의 시간에 따른 변위(Displacement), 응력(Stress), 변형률(Strain) 등을 구할 수 있으며, 관성(Inertia), 감쇠 효과(Damping Effects)를 고려할 수 있습니다.

● Rigid Dynamics

Ansys Rigid Dynamics Solver(Explicit)를 이용하여 강체 동역학 해석을 수행할 수 있습니다. 이 해석은 Joint와 Spring들로 연결된 강체(Rigid Bodies)의 조립체에 대한 동적 거동을 구하는 데 사용합니다.

● Transient Thermal

시간에 따른 열 분포 외에도 다른 상세한 열 관련 항목들에 대해 해석을 수행합니다. 시간에 따른 열 분포의 변화는 열처리의 풀림 효과에 대한 해석 또는 전자장비의 냉각과 같은 여러 분야에서 활용 가능합니다. Transient Thermal Analysis로부터 구한 온도 결과는 Structural Analysis로 전달하여 열 응력을 검증하기 위해 사용될 수 있습니다.

2) Component Systems

Component Systems은 프로젝트를 구성할 경우 독립적으로 단일 Application을 구동할 수 있게 도와줍니다. 예를 들면, Geometry System을 사용하여 사용자의 Geometry를 정의할 수 있으며, 생성된 System은 여러 Downstream Systems과 연결되어 Geometry Source로 사용됩니다.

● AUTODYN

AUTODYN Application을 독립적으로 실행하여 사용할 수 있습니다. 이 Application은 AUTODYN의 Explicit Eulerian Solver, Meshfree SPH Solver와 Explicit Solver Coupling(FSI)과 같은 모든 기능을 사용할 수 있습니다.

● BladeGen

Ansys의 Blade Modeler입니다. Blade Modeler는 Pumps, Compressors, Fans, Blowers, Turbines, Expanders, Turbochargers와 같은 회전 기계의 Radial Blade Components에 대한 3차원 설계를 빠르고 쉽게 할 수 있도록 도와줍니다.

● CFX

Analysis Systems에서 설명한 내용과 동일합니다.

● Engineering Data

Mechanical Application Systems의 Cell 항목에서 또는 Engineering Data Component System을 생성하여 재료 물성을 사용하거나 정의할 수 있습니다. Engineering Data System을 추가한 후에 Engineering Data Cell을 더블 클릭하거나 또는 마우스 오른쪽 버튼을 클릭하고 Context Menu에서 Edit를 선택하면 Engineering Data Workspace가 표시됩니다. 여기에서 재료 물성을 추가하거나 수정할 수 있습니다.

● Finite Element Modeler(더 이상 지원하지 않음)

NASTRAN, ABAQUS 등으로부터 Mesh를 불러들이고 Faceted Geometry (또는 NURBS)

를 생성하여 Geometry System과 Mechanical, Mechanical APDL Application으로 내보낼 수 있습니다.

● FLUENT

Analysis Systems에서 설명한 내용과 동일합니다.

● Geometry(DM or SCDM)

불러들인 모델을 유한요소 모델에 적합하도록 수정할 수 있으며 설계도면에 맞게 2D 혹은 3D 모델로 제작할 수 있습니다(제3장 참조).

● Mechanical APDL

Mechanical APDL Application(MAPDL 버전)의 생성을 관리할 수 있습니다.

● Mechanical Model

Engineering Data, Geometry, Model Cell들로 구성되어 있으며, 일반적인 Mechanical Application에서 Model만 존재하는 System과 동일합니다. 사용자는 Mechanical Model System을 사용하여 Single Model에 Multiple System을 생성할 수 있습니다.

● Mesh

Mesh를 생성하거나 Geometry 또는 Mesh Files을 불러올 수 있습니다.

● Results

CFD-Post를 이용한 후처리 과정을 진행하는 것으로, CFX 또는 FLUENT로부터 CFD Simulations 결과를 불러들여 결과 표시와 측정을 쉽게 할 수 있습니다. 또한 Mechanical 의 결과도 처리할 수 있습니다.

● TurboGrid

TurboGrid는 Rotating Machinery의 설계자와 해석자에게 높은 수준의 격자 품질을 제공해줍니다.

3) Custom System

Ansys Workbench는 사용자가 구성한 해석 시스템을 Custom Template로 등록할 수 있고, One-Way FSI, Thermal-Stress Coupled Analyses와 같은 미리 정의된 Custom Template을 제공합니다. 미리 정의된 Custom Template이 사용하기에 불편하다면, Drag-Drop 방식 과 Cell에서 마우스 오른쪽 버튼으로 Context Menu 이용하는 방식, 개별적으로 Cell을 연

결하는 방식을 통해서 사용자가 직접 해석 시스템을 구성하고 등록할 수 있습니다. 이로 써 사용자가 자주 이용하는 프로젝트의 해석 시스템을 쉽게 구성할 수 있습니다. 이렇게 등록된 Templates의 사용방법은 더블 클릭으로 구성할 수 있으며, Drag & Drop으로는 구성되지 않습니다.

- Pre-Stress Modal
- Random Vibration
- Response Spectrum
- Therma-Stress

4) Design Exploration

제품의 성능과 기능 분석 및 최적화를 위한 도구입니다. Design Exploration은 실험계획 법(DOE)에 기반한 결정론적 방법 및 여러 가지 최적화 방법들을 사용할 수 있습니다.

Ansys의 제품군 또는 라이선스 별로 수행 가능한 상세 내용은 아래의 링크를 참조하시 기 바랍니다.

https://www.ansys.com/resource-library

2.7 Engineering Data

1) 사용환경

해석에 사용될 재료 물성 라이브러리(Libraries)를 제공하며, 회사 또는 부서에서 사용하 는 재료 데이터를 관리할 수도 있습니다. 재료 물성의 생성, 저장, 불러오기를 지원하며, 다른 프로젝트에서 사용되었거나 저장된 재료 물성 데이터의 라이브러리를 별도로 저장 할 수 있습니다. Engineering Data는 Component Systems Group과 모든 Analysis System 의 Cell 안에 위치하고 있으며 독립적으로 실행된 Component System에서도 기본적으 로 Engineering Data의 재료 물성과 속성을 설정할 수 있습니다. 물성을 정의하거나 수 정하기 위해서는 Engineering Data Cell에서 Context Menu 또는 Cell을 더블 클릭하여 Engineering Data Tab을 열어 진행합니다.

〈그림 2.25〉에 보이는 Engineering Data를 더블 클릭하면 상단에 Project Tab 옆으로 Engineering Data Tab이 생성되는 것을 확인할 수 있습니다. Tab를 사용하여 Workbench Project 창과 Engineering Data 창을 쉽게 이동할 수 있습니다.

그림 2.25 Engineering Data Cell을 클릭하여 재료 물성 정의

그림 2.26 Workbench Project 창과 Engineering Data 창 전환 Tab

그림 2.27 Engineering Data 구성 화면

영역	명칭	설명
A	Menu Bar	Engineering Data와 Project에 대한 작업 도구
B	Toolbar & Tab	새 창, 불러오기, 저장, 다른 이름으로 저장, Project 창과 Engineering Data 창을 전환할 수 있는 Tab 버튼으로 구성
C	Filter& Data Source Toggle Key	현재 해석 시스템에 관한 물성만 표시하거나 Data Source 창을 활성화하여 표시
D	Toolbox Pane	재료 물성으로 사용할 세부 항목들의 모음
E	Data Source Pane	Toggle Key를 사용하여 활성화할 수 있으며 자주 사용하는 물성이나 기본적으로 제공하는 물성을 Library List로 표시
F	Outline Pane	Data Source 창이 활성화되어 있는 경우 Data Source 창에서 선택한 Library의 항목들을 표시, 비활성화되면 현재 프로젝트에 적용된 물성 항목들을 표시
G	Properties Pane	Outline Pane에서 선택한 물성의 속성을 표시
H	Table Pane	Properties Pane에서 선택한 속성 정보를 표 형식으로 표시
I	Chart Pane	Properties Pane에서 선택한 속성 정보를 그래프 형식으로 표시

표 2.5 | Engineering Data Tab의 구성도

2) 재료 물성 설정

Data Source/Project Toggle 버튼을 클릭하여 라이브러리 창에 들어오면 Ansys가 제공하는 라이브러리를 통해 쉽게 재료 물성을 정의할 수 있습니다. 〈그림 2.28〉에 재료 물성을 정의하는 과정을 도식화하였습니다. Data Source Pane에서 사용하고자 하는 물성 라이브러리를 선택한 다음, Outline Pane에서 재질을 선택하면 해당하는 재질의 속성 값을 Properties 창을 통해 확인하거나 수정할 수 있습니다.

● Data Source Pane

Data Source Pane은 재료 물성 라이브러리(Library)를 관리하고 라이브러리는 그림과 같이 Favorites 항목(I)과 Materials 항목(II)으로 구분할 수 있습니다.

- Favorites : 자주 사용하는 물성을 즐겨찾기로 등록했을 경우 그 목록을 표시합니다.
- Materials : 기본 제공하는 물성 또는 사용자가 정의한 물성 목록을 표시합니다.

재료 라이브러리(Materials Library)로부터 해석에 필요한 재질을 선택하면 Engineering

그림 2.28 Library에서 필요한 물성 데이터를 순차적으로 선택하는 방법

Data에 등록되며, 등록된 물성은 쉽게 수정할 수 있습니다. 수정은 (III)영역(B Column)을 선택한 후 Outline Pane에서 진행할 수 있습니다. (V)영역을 선택해서 수정된 라이브러리는 저장이 가능하며 라이브러리(Library)에 저장된 내용들은 자동저장되므로 주의해야 합니다. 한편, 아래(IV) 부분의 "Click here to add a new library"를 통해서 새로운 라이브러리를 생성할 수 있습니다.

그림 2.29 Data Source Pane을 구성하고 있는 항목

● Outline Pane

(VI)영역(B Column)의 "+" 버튼을 클릭하면 우측 칸에 책 마크가 생성됩니다. Analysis
System에서 선택한 물성 데이터를 사용할 수 있다는 의미입니다. 이때 물성을 선택하고
마우스 오른쪽을 클릭하여 [즐겨찾기]에 등록할 수 있습니다.

그림 2.30 현재 해석시스템에 사용할 물성 선택 및 즐겨찾기 추가

● Properties Pane

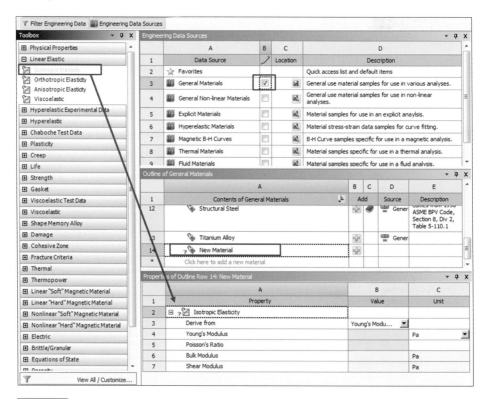

그림 2.31 라이브러리를 수정하여 물성을 추가하는 방법

Data Source Pane에서 라이브러리 수정을 선택하면 물성 데이터를 변경하거나, Toolbox로부터 필요한 항목을 추가할 수 있습니다. 단, Analysis System Block의 1번 Cell인 Engineering Data에서는 현재 Analysis System에 따라 추가할 수 있는 물성이 제한됩니다. 예를 들어, Static Structural System에서는 열 해석에 관한 물성을 입력할 수 없습니다. 재료 물성의 전체 항목을 입력하려면 Component System에서 Engineering Data를 독립적으로 생성하거나 Filter Toggle Key를 비활성화하여 진행해야 합니다.

3) 새로운 재료 물성 생성

사용자가 직접 새로운 재료의 물성을 생성할 때에는 상단의 Engineering Data Source Toggle을 끈 다음에 나타나는 Outline 창 하단 부분 "Click here to add a new material" 항목을 이용하여 진행할 수 있습니다.

❶ 물성 이름(예 : "new mat")을 입력하여 물성 목록을 생성시킵니다.

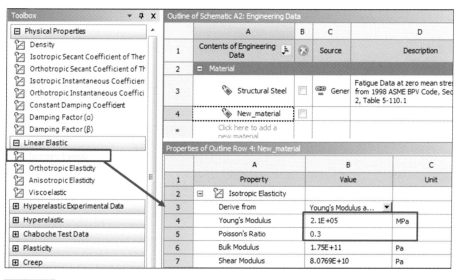

그림 2.32 새로운 재료 물성 입력

❷ Toolbox로부터 원하는 속성을 Properties 창에 추가합니다.

❸ 알맞은 단위계를 선택하여 데이터를 입력합니다.

4) 재료 물성 내보내기

[Menu Bar > File > Import Engineering Data] 또는 [Exporting] 기능을 이용하여, 아래와 같은 데이터를 불러오거나 내보내기 할 수 있습니다.

- Workbench에서 Export된 Engineering Data Library
- MatML 3.1 Schema Material File
- AUTODYN에서 생성된 Material File

5) 재료 물성 세부항목 설명

재료 물성의 세부 항목에 대한 상세한 설명은 〈표 2.6〉을 참조하십시오.

표 2.6	세부 물성 항목 설명

물성 항목	설명
Young's Modulus(탄성계수)	응력과 변형률 사이의 관계를 나타내는 계수이고 재료의 강성을 의미
Poisson's Ratio(포아송 비)	작용력의 방향으로 변형이 일어나는 동시에 생기는 횡방향의 수축 또는 신장 비율(프아송비＝횡방향변형률/축방향변형률)
Density(밀도)	단위 부피당 질량의 비(밀도＝질량/부피)
Thermal Expansion(열 팽창 계수)	온도변화에 따른 재료의 열 변형의 관계를 나타내 주는 상수
Specific Heat(비열)	물체의 온도를 높이는 데 필요한 열량
Alternating Stress (교번하중, 혹은 수명 선도) Strain-Life Parameters (변형률-수명 데이터)	피로 해석에 필요한 재료의 고유 특성
Tensile-Yield (인장항복강도) Compressive Yield (압축항복강도) Tensile Ultimate (인장극한강도) Compressive Ultimate (압축극한강도)	항복이 일어나는 지점이 인장(압축)항복강도, 그다음이 재료의 파단 여부를 판단할 수 있는 인장(압축)극한강도임. 일반적으로 금속은 탄성구간에서 인장항복강도와 압축항복강도의 값이 거의 동일함
Relative Permeability(투자율)	재료가 자기를 통과시키는 정도
Resistivity(저항률)	어떤 물질의 단위 전기 저항치

03

Ansys Mesh 시작하기

3.1 해석 모델 고려사항

설계자는 제품의 디자인 및 성능 등을 모두 고려하여 설계를 하게 됩니다. 이 설계 데이터를 가지고 제품을 생산하기 전 검증하는 단계로 해석(Simulation)을 진행합니다. 이때 해석을 위한 제품의 형상은 실제 형상과 동일해야 하지만, "해석 결과에 크게 영향을 미치지 않는" 작은 구멍(Hole) 및 라운드(Round), 모따기(Chamfer) 등은 해석의 효율성을 향상시키기 위해서 단순화하는 전처리 과정이 필요하기도 합니다. 또한 3D 솔리드 모델을 2D, 1D의 형태로 변환시키기도 합니다.

1) 얼마나 세부적인 부분까지 포함할 것인가?
해석에 크게 영향을 끼치지 않는 세부적인 부분들은 해석 모델에 포함시키지 않는 것이

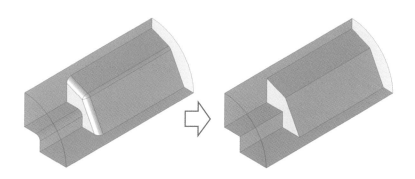

그림 3.1 Fillet 제거

좋습니다. 그러나 일부 구조물에서는 필렛(Fillet) 혹은 구멍(Hole)과 같은 세부적인 부분에서 최대 응력이 발생하여 해석에 큰 영향을 끼칠 수도 있기 때문에 주의해야 합니다.

2) 대칭조건을 적용할 것인가?

대칭조건을 적용하기 위해서는 형상(Geometry), 물성치(Material Properties), 하중조건(Loading Conditions)이 모두 대칭이어야 가능합니다. 대칭 모델에는 축 대칭(Axisymmetry), 회전 대칭(Rotational), 평면 혹은 투영 대칭(Planar or Reflective), 반복 혹은 병진 대칭(Repetitive or Translational) 등의 대칭 형태가 있습니다.

● 축 대칭(Axisymmetry)

백열전구, 곧은 파이프, 원뿔, 원형 접시, 둥근 지붕과 같이 중심 축에 대하여 대칭일 때, 축 대칭 조건을 사용합니다. 대칭 면은 구조물의 어느 부분에서든 동일한 단면을 갖습니다. 2D 모델을 360° 회전시키면 실제 형상과 동일한 형태를 갖게 됩니다. 대부분의 경우, 하중도 축 대칭이라고 가정합니다. 그러나 일부 해석에서는 선형 비대칭 하중으로 중첩시켜 독립적으로 해석하여 조화요소로 분리할 수 있습니다.

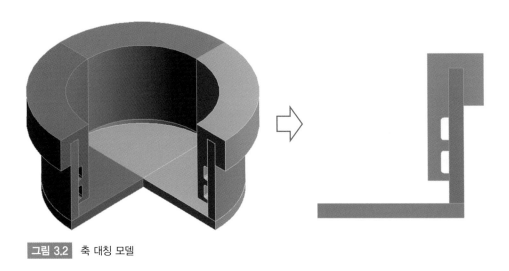

그림 3.2 축 대칭 모델

● 회전 대칭(Rotational)

터빈 축자(Turbine Rotor)와 같이, 중심 축에 대하여 한 구획이 반복되는 형상일 때 회전 대칭 조건을 사용합니다. 구조물의 한 구획이 모델을 생성할 때 필요합니다. 하중 또한 축에 대칭이라고 가정합니다.

그림 3.3 회전 대칭 모델

● **평면 혹은 투영 대칭(Planar or Reflective)**

구조물의 1/2이 다른 1/2형태에 대해 대칭되는 형태라면 이 조건을 사용합니다. 하중은
대칭(Symmetric) 혹은 반 대칭(Anti-Symmetric) 조건을 줄 수 있습니다.

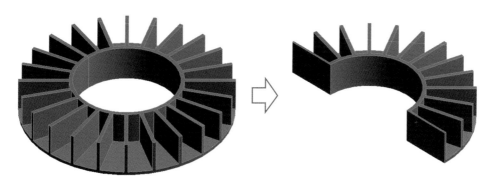

그림 3.4 평면 혹은 투영 대칭 모델

● **반복 혹은 병진 대칭(Repetitive or Translational)**

고르게 놓인 냉각핀을 가진 긴 파이프와 같이, 반복된 구획이 길게 뻗은 선을 따라 배열
된 모델인 경우 이 조건을 사용합니다. 하중 또한 모델의 길이 방향으로 반복된 값을 갖
는다고 가정합니다.

그림 3.5 반복 혹은 병진 대칭 모델

3) 응력 특이 해를 포함하는 모델인가?

응력 특이점은 유한요소 모델 내의 한 위치에서의 응력이 무한의 값을 갖는 곳을 말합니다. 응력 특이점에서는 격자 밀도가 조정되더라도 응력 값이 무한히 증가하기 때문에 값이 수렴되지 않습니다. 주로 아래와 같은 경우에 발생하게 됩니다.

그림 3.6 Point Load

- 한 점에 힘 또는 모멘트가 집중되어 적용된 점 하중(Point Load)
- 반력이 점 하중과 같은 거동을 나타내는 고립된 구속점
- 필렛 반경이 0인 날카로운 불연속 모서리

3.2 Body의 종류

1) Solid Body

하위 객체인 점(Point), 모서리 (Edge), 면(Face)으로 구성되어 있고 체적(Volume)을 가지고 있습니다. 유한요소해석 시 3D Solid 요소로 격자가 생성됩니다. Hexahedral 및 Tetrahedral 요소를 사용할 수 있으며, 격자의 밀도와 요소의 품질이 좋을 경우 가장 정확한 결과를 얻을 수 있습니다.

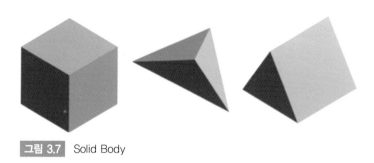

그림 3.7 Solid Body

2) Surface Body

하위 객체인 점(Point), 모서리(Edge)로 구성되어 있고 면적(Surface Area)을 가지고 있습니다. 유한요소해석 시 3D Shell 요소 또는 2D Solid 요소가 됩니다. 만일 세 직교 축 방

그림 3.8 Surface body

향의 기하학적 치수 중 하나가 상대적으로 작은 경우(얇을 경우) Shell 요소를 사용합니다. Quadrilateral 또는 Triangular 요소를 사용하고, 모델의 굽힘 및 막(Membrane) 변형이 가능하며, 두께는 매개변수입니다. Shell 요소의 주요 적용 분야로는 자동차, 선박, 항공기에서의 박판 부분 등이 있습니다.

3) Line Body

점(Point)으로 구성되어 있으며 길이(Length)를 가지고 있습니다(Area, Volume은 없습니다). 유한요소해석 시 2D/3D Beam 요소가 됩니다. 세 직교 축 방향의 기하학적 치수 중 하나가 상대적으로 큰 경우 Beam 요소를 사용합니다. Beam 요소는 모델의 굽힘 및 축 변형이 가능하며, 단면 치수가 매개변수입니다. Beam 요소의 적용 분야로는 Building Construction, Bridge and Roadway, Vehicle 등입니다.

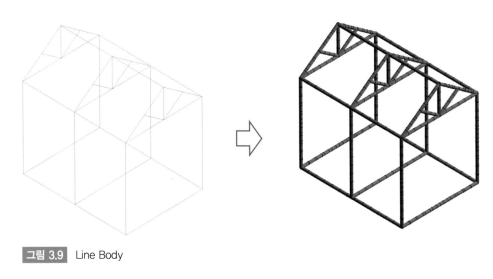

그림 3.9 Line Body

3.3 Mesh Application 소개

격자생성(Meshing)이란 유한요소해석을 하기 위해 구조 형상을 절점(Node)과 요소(Element)로 구성되어 있는 유한 개의 격자(Mesh)로 분할하는 것을 의미합니다. 좋은 품질의 격자(Mesh) 생성은 보다 정확한 해석 결과를 얻는 데 있어서 매우 중요한 과정이며, 생성된 격자(Mesh) 품질이 불량하면 부정확한 결과를 얻게 됩니다. Ansys Workbench의 Mesh Application은 Mechanical Application과 동일한 환경을 가지며, 좋은 품질의 격자를 쉽게 생성할 수 있도록 개발되었습니다. Mesh Application은 모델의 형상을 자동으

그림 3.10 Ansys Mesh Application

로 인식하여 최적화된 Mesh를 생성할 수 있도록 도와줍니다. 또한 Mesh 미리 보기 기능
을 제공하여 Mesh 생성을 미리 확인할 수 있습니다.

3.4 시작하기

1) 실행방법

- Toolbox의 Component System으로부터 Mechanical Model 시스템 생성(그림 3.11의 좌
  측 A)
- Analysis System에(그림 3.11의 우측 B) 포함된 Mechanical Application에서 Mesh 진행

해석을 위한 격자 생성은 〈그림 3.11〉과 같은 시스템 블록의 Model Cell에서 가능하며,
Geometry Cell에서 CAD 모델이 설정이 되지 않으면 격자(Mesh)를 생성할 수 없습니다.
각 시스템의 Model Cell을 더블 클릭하여 Mesh Application을 실행합니다.

그림 3.11 Mechanical Model 시스템을 통해 Structural 시스템과 Mesh 공유

〈그림 3.11〉의 좌측 Mechanical Model 시스템에서 생성된 유한요소 모델을 그림과 같이 다른 해석 시스템으로 연결하여 공유할 수도 있습니다. 격자(Mesh)를 수정하거나 다시 작업할 때에는 선 작업(Upstream)인 Mechanical Model을 실행하여 수정합니다.

2) 표면 격자 미리보기 및 메뉴 설명

모델의 전체 격자를 생성하기 전에 Preview 기능을 사용하여 모델의 표면에 대한 격자를 확인할 수 있습니다. Outline에서 Mesh 항목을 선택한 다음 마우스 오른쪽 버튼을 클릭

그림 3.12 Mesh의 Context 항목

하여 [Preview > Surface Mesh]를 선택하면 표면 격자 생성만 완료하게 됩니다. 해석은 표면뿐 아니라 내부까지 모두 격자가 생성되어야 진행할 수 있으므로 격자 생성을 위해 [Generate Mesh]를 선택하여 격자 생성을 수행합니다.

❶ Insert : 격자 생성 시 상세 옵션을 적용할 수 있습니다.

❷ Update : 격자 생성 완료 후에 경계조건 및 격자 생성 옵션이 바뀌었을 때 사용합니다. 조건 및 옵션이 바뀐 부분만 다시 격자를 생성합니다.

❸ Generate Mesh : 모델 전체에 격자(Mesh) 생성을 진행합니다.

❹ Preview(Surface Mesh/Inflation) : 격자(Mesh)가 어떻게 생성될 것인지에 대한 경향을 보기 위해 사용합니다. 모델의 표면 격자(Mesh)를 확인하면 전체 격자를 생성하는 것보다 짧은 시간에 격자 경향을 파악할 수 있기 때문에 격자 수정 단계의 시간을 단축시켜줍니다.

❺ Show(Sweepable Bodies/Mappable Faces) : Sweep Mesh 또는 Mapped Face Mesh가 생성될 수 있는 바디/파트(Body/Part)를 표시해줍니다.

❻ Create Pinch Control : 질 좋은 격자를 생성하기 위해 해석에 영향을 주지 않는 작은 형상들을 제거해줍니다. 제거 형상에 대한 기준값은 상세 창(Details View)의 Pinch Tolerance 값으로 설정합니다.

❼ Group All Similar Children : 동일한 격자 옵션을 그룹화합니다.

❽ Clear Generated Data : 생성된 격자(Mesh)를 삭제합니다.

3.5 Global Mesh

Outline의 Mesh 항목을 선택하고, 상세 창(Details View)에서 Mesh 항목의 다양한 설정 값을 변경할 수 있습니다. 이 항목에서 변경하는 값은 모델 전체에 작용됩니다.

1) Display

● Display Style

Body Color, Element Quality, Aspect Ratio, Jacobian Ratio(MAPDL, Corner Nodes, Gauss Points), Warping Factor, Parallel Deviation, Maximum Corner Angle, Skewness, Orthogonal Quality, Characteristic Length 등의 정보를 Graphic 창에 Contour 형태로 표현해줍니다.

그림 3.13 상세 설정 옵션

2) Defaults

● Physics Preference

해석하려는 물리계에 적합한 격자를 생성하도록 선호 물리계를 선택합니다. Mechanical, Non-Linear Mechanical, Electromagnetics, CFD, Explicit, Hydrodynamics Mesh로 설정이 가능하며, 선택에 따라서 하위 항목들의 기준값이 조절됩니다.

● Element Order

격자를 생성할 때 요소의 차수를 제어하는 항목입니다. 기본값인 "Program Controlled" 옵션은 2D/3D 솔리드요소에 대해서는 2차 요소(Quadratic)를, 쉘/빔 요소에 대해서는 1차 요소(Linear)를 생성하도록 설정되어 있습니다. Global Mesh Control 옵션에서뿐만

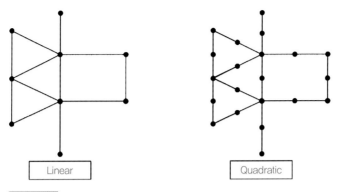

그림 3.14 요소의 차수(Element Order) 설정에 따라 달라지는 격자의 절점 수

아니라 Local Mesh Control 항목인 Method에서도 각각의 파트에 설정이 가능합니다.

● Element Size

요소(Element)의 평균 크기 값을 전체 모델에 적용합니다.

3) Sizing

● Use Adaptive Sizing

Adaptive Sizing은 선의 곡률 및 근접성에 기반하여 격자(Mesh)를 정제하는 기능입니다. 격자 생성 시 모델의 모든 모서리(Edge)를 반영하면서 격자의 전체 요소 수를 줄이기 위해 사용합니다. Use Adaptive Sizing의 기본값은 Yes이며, Element Size 설정값을 기준으로 격자 생성을 진행합니다. No로 설정 시에는 사용자가 격자에 대한 Growth Rate, Max Size, Mesh Defeaturing, Capture Curvature와 Proximity 여부를 결정하게 됩니다.

❶ Growth Rate : Growth Rate는 각 후속 요소(Element)의 모서리 길이 증가율입니다. 예를 들어 Growth Rate 값을 1.2로 설정하면 후속 요소들의 길이가 20%씩 길어지게 됩니다. 1에서 5까지 설정 가능합니다.

❷ Max Size : 격자(Mesh)의 최대 크기입니다.

❸ Capture Curvature/Proximity : 두 옵션은 Adaptive Sizing 옵션이 'No'일 때 활성화됩니다. Curvature 옵션은 모델의 곡률에 의해서 격자를 조절합니다. Proximity 옵션은 가까이 위치한 형상(Edge/Face) 사이의 격자 밀도를 제어하여 좁은 틈새에 지정된 수만큼 요소를 생성할 수 있습니다. Number of Cells Across Gap이 높은 값일수록 밀도 높은 격자를 생성합니다.

● Resolution

격자(Mesh)의 밀도를 조절합니다. 0(Course)에서 7(Fine)까지 가능합니다. 0으로 갈수록
격자의 요소 편차가 크며 형상도 전체적으로 크게 생성되고 7로 갈수록 격자의 요소 편
차가 작고, 형상도 전체적으로 작게 생성됩니다.

그림 3.15 Resolution 값에 따른 유한요소형상의 차이

● Mesh Defeaturing

지정한 Defeature Size보다 작은 사이즈의 요소가 생성되지 않도록, 형상 개체를 무시하
고 격자를 생성합니다. 격자 생성 중 에러가 발생할 확률이 줄어들며 보다 균일한 격자
가 생성됩니다.

● Transition

Transition은 인접 요소(Element)들의 성장속도에 영향을 줍니다. Slow와 Fast 중 하나를
선택합니다.

● Span Angle Center

Span Angle Center은 Curvature-Based Refinement의 목표를 설정합니다. 곡선이 있는 부
분에서, 각각의 요소(Element)가 이 각도 범위 내의 곡률을 가질 때까지 세분화합니다.

Course는 91°부터 60°, Medium는 75°부터 24°, 그리고 Fine은 36°부터 12°까지입니다.

● Initial Size Seed

각 파트(Part)의 초기 요소 크기를 제어하는 방법입니다.

❶ Assembly : 초기 요소 크기를 결정할 때 Suppress가 된 파트는 고려하지 않은 채 결정됩니다.

❷ Part : 초기 요소 크기를 개별파트마다 다르게 적용합니다.

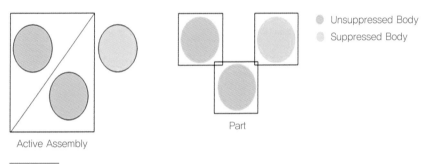

그림 3.16 초기 요소 크기를 결정하는 방법

4) Quality

● Check Mesh Quality

Mesh Error 및 Warning을 Check할 것인지를 선택합니다.

● Error Limits

❶ Standard Mechanical : Ansys Workbench의 격자 형상을 검사하는 기본 설정입니다. 선형(Linear), 모달(Modal), 응력(Stress), 열(Thermal)에 관한 문제에 효과적으로 사용됩니다.

❷ Aggressive Mechanical : Jacobian Ratio을 기준으로 하여 Standard Mechanical 옵션보다 높은 격자 품질을 만들어 줍니다. 생성 시간이 오래 걸리고 요소 수가 많아지며 격자 생성에 실패할 확률이 높습니다. 대신 이 옵션을 사용하면 재료 비선형(Material Nonlinear Analysis) 또는 대 변형 해석(Large Deformation Analysis)에 효과적입니다.

● Mesh Metric

요소(Element)의 정보와 격자의 품질(Mesh Quality)에 대한 정보를 볼 수 있습니다. 자세한 내용은 3.8절에서 설명하겠습니다.

5) Advanced

● Number of CPU Cores for Parallel Part Meshing

여러 파트(Part)로 구성되어 있는 모델에서 병렬로 격자를 생성하기 위해 사용되는 프로세서의 수를 설정하는 기능입니다. 기본값은 0으로 설정되어 있으며, 이는 가능한 모든 CPU코어를 격자 생성에 사용하는 것을 의미합니다.

- Serial : 구성된 파트들을 순차적으로 Mesh 생성
- Parallel : 구성된 파트들을 동시에 Mesh 생성

그림 3.17 Serial Meshing 방법으로 격자 생성

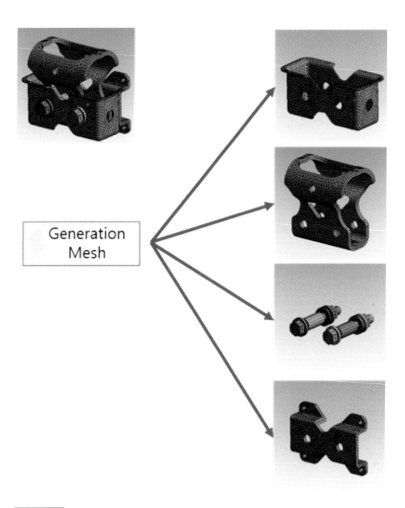

그림 3.18　Parallel Meshing 방법으로 격자 생성

6) Statistics

● Node/Element

모델 전체의 요소와 절점의 수를 보여줍니다. 각 바디에 대한 요소와 절점의 수를 보려면, Outline에서 Geometry를 선택하고 Worksheet 항목에서 확인할 수 있습니다.

Statistics	
☐ Nodes	61670
☐ Elements	40743

그림 3.19　격자 생성 후에 절점과 요소 수 표시

61

3.6 Local Mesh

Ansys Workbench는 국부적으로 격자 크기를 조절하는 기능을 제공하고 있습니다. Outline 창에서 Mesh 항목을 선택한 다음 Context Toolbar에서 적용할 항목을 선택하거나, 마우스 오른쪽 버튼을 클릭한 후 원하는 항목을 선택하면 Mesh의 하위 트리에 세부 옵션들이 추가됩니다. 적용할 객체를 선택할 경우 [Ctrl]키를 이용하면 여러 영역을 동시에 선택하여 부분적(Local)으로 제어할 수 있습니다.

그림 3.20 Local Mesh 항목

1) Method

Method에서는 격자(Mesh)의 형상을 결정해주며 유한요소해석에서 사용하는 격자 형상은 3D의 경우 육면체와 사면체를 지원합니다. Method 설정은 각각의 Body를 기준으로 적용할 수 있으며 기본값은 Automatic으로 정의되어 육면체를 생성할 수 있는 조건의 형상일 경우 Sweep Method를 사용하여 격자를 생성해주고, 조건을 만족하지 못할 경우에는 Patch Conforming 방법을 통한 Tetrahedron Mesh로 자동 변환되어 격자를 생성합니다.

● Tetrahedrons

Tetrahedron Mesh는 3D모델에서 사면체로 구성된 유한요소 모델을 의미합니다.

그림 3.21 알고리즘에 따른 격자 형상 비교

Workbench에서는 사면체 요소를 생성할 때 생성 알고리즘에 따라 Patch Conforming 방법과 Patch Independent 방법으로 구분하여 생성할 수 있습니다.

❶ Patch Conforming : Patch Conforming은 일반적인 격자(Mesh) 생성 과정과 같이 CAD 모델의 모서리(Edge)에서부터 생성되어 면(Face)과 체적(Volume)을 채워가며 격자를 생성하는 방법입니다. 이 경우에는 외부 형상을 기반으로 격자가 생성되기 때문에 형상 정보와 최대한 동일하게 격자 모델을 구축할 수 있다는 장점이 있습니다. 하지만 복잡하거나 지저분한 모서리에 대해서도 Mesh를 생성하려는 과정을 수행하므로 CAD 모델에 형상 오류가 없어야 합니다.

❷ Patch Independent : Patch Independent 기법은 CAD 모델을 둘러싸는 균일한 크기의 격자(Mesh)를 생성한 후, CAD 모델의 면을 경계로 바깥 부분의 격자를 지우고 경계면 부근의 격자만 크기와 형상을 재정렬하여 격자를 생성하는 순서를 따릅니다. 경계 조건이 적용된 부분은 면이나 모서리의 형상을 그대로 유지하여 주지만, 그렇지 않은 부분에는 그 형상이 보존되지 않을 수 있습니다. 모델의 형상이 매우 복잡하여 Patch Conforming으로 격자의 생성이 어려운 모델이나, 외곽의 형상이 해석에 큰 영향을 주지 않는 모델의 경우에 사용하면 유용합니다.

a. Tetra Mesh를 적용할 형상   b. 형상의 주변을 Tetrahedron 격자로 감싼 모습

c. 표면을 경계로 사용할 내부
   격자만 분리하여 생성

d. 완전히 격자가 생성된 모습

e. 절점 이동, 절점 합병, 불량한 격자
   삭제 등을 통해 최종 격자 생성

그림 3.22 Patch Independent 알고리즘 설명

● Hex Dominant

Hex Dominant 방법을 선택하면 육면체 격자가 주로 생성됩니다. 이 옵션은 육면체 격자가 필요하지만 Sweep Mesh 방법이 적용되지 않는 모델에 적용할 수 있는 옵션입니다. 표면에 최대한 사각형(Quad) 격자를 생성하여 내부를 채워나가는 방식을 사용하므로, 내부 부피가 큰 모델에 주로 사용하며 얇거나 복잡한 형상에는 거의 사용되지 않습니다.

그림 3.23 Hex Mesh 형상

이 방법을 사용하여 생성된 격자의 구성을 확인해보면 육면체격자뿐만 아니라 사면체 격자가 포함되어 있는 것을 확인할 수 있습니다.

표 3.1	Hex Mesh를 구성하고 있는 격자 형상(예)
격자 형상	비율
Tetrahedrons	443(9.8%)
Hexahedron	2801(62.5%)
Wedge	124(2.7%)
Pyramid	1107(24.7%)

● Sweep

Sweep Mesh는 육면체(Hex) 또는 웨지(Wedge)격자를 생성합니다. 평면 또는 곡면 위에 생성된 표면 격자(Surface Mesh)를 특정 경로를 따라 스윕시킴으로써 3차원 격자를 생성합니다. 이러한 경우 시작되는 표면(Source Face)부터 끝나는 표면(Target Face)까지 모든 영역에 걸쳐 균일한 격자를 생성할 수 있다는 장점을 가집니다. Sweep이 가능한 Body라면 Source면과 Target면이 자동으로 지정되지만, 사용자의 의도와 다르게 생성된다면 그림과 같은 방법으로 직접 Source면과 Target면을 정의할 수 있습니다.

그림 3.24 Manual 옵션을 사용하여 Source면과 Target면 설정

Sweep Mesh는 Source면을 기준으로 경로를 따라 Target면까지 동일한 격자를 생성하는 방법이기 때문에 복잡한 기하모델에서는 사용할 수 없는 격자 생성 방법입니다. Sweep Mesh의 사용 가능성 여부 확인을 〈그림 3.25〉에서 설명한 격자 미리보기 항목을 통해 확인하실 수 있습니다. Outline 항목에서 오른쪽 버튼을 클릭하여 [Sweepable Bodies] 항목을 선택하면 Sweep Mesh를 적용할 수 있는 Body가 선택되어 초록색으로 표시됩니다.

Sweep Method를 사용하려면 Sweep이 가능하도록 형상을 분할하는 작업이 필요하기도 합니다. 〈그림 3.26〉과 같은 형상을 1/2이나 1/4 분할을 하면 Sweep Method를 사용할 수 있습니다. 그리고 Patch Conforming이나 Hexa Dominant Method와 같이 표면에 먼저 격자를 생성하여 내부를 채워나가는 방식의 경우 내부 중앙에서의 격자 품질이 나쁜 경우가 발생할 수 있습니다. Sweep Method는 보다 균일하고 좋은 품질의 격자를 생성해주며, Sweep Mesh로 격자를 생성하면 Tetra Mesh로 생성된 경우보다 절점 수와 요소 수를 줄일 수 있습니다.

그림 3.25 Sweepable Bodies 항목을 통해 Sweep Mesh가 가능한 Body 확인

그림 3.26 Tetra Mesh와 Sweep Mesh로 생성된 격자 비교

● MultiZone

MultiZone 방법은 Sweep Mesh처럼 내부까지 균일한 격자를 생성할 수 있는 기능입니다. 하지만 Sweep Method와 달리 Mesh를 생성하기 위해 형상을 분할하지 않아도 됩니다. 예를 들어 Sweep Mesh의 경우에는 〈그림 3.27〉처럼 Body를 여러 개의 Part로 분할하는 작업이 필요하지만, MultiZone Method는 Surface를 기준으로 Sweep 방향을 설정하고 Blocking 기법에 의한 가상의 Part 분할을 내부적으로 자동 수행하여 Sweep 형태의 격자를 생성해줍니다.

여러 개의 Source면과 Target면을 설정할 수 있으며, Free Mesh를 허용하지 않을 경우 (Not allowed 옵션), Sweep과 마찬가지로 Hexa와 Wedge 형태의 격자만 생성됩니다. 이

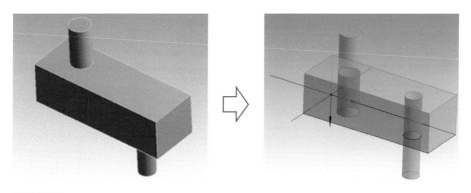

그림 3.27 Hex Mesh를 생성하기 위해 형상에 Slice 적용

a. 표면을 분석하여 2D Blocking을 생성

b. 3D Blocking 생성을 위해 표면 블록을 연결

c. Source면 조합에 수행되는 인플레이션을 생성하기 위해 O-Gride로 경계블록을 생성

그림 3.28 MultiZone Method 알고리즘 순서

옵션으로 격자가 생성되지 않을 때에는 Free Mesh type 옵션을 변경하여 격자를 생성할 수 있습니다. 유형은 Tetra, Tetra/Pyramid, Hexa Dominant, Hexa Core가 있습니다.

Method	MultiZone
Mapped Mesh Type	Hexa/Prism
Free Mesh Type	Tetra

Method	MultiZone
Mapped Mesh Type	Hexa/Prism
Free Mesh Type	Hexa Dominant

Method	MultiZone
Mapped Mesh Type	Hexa/Prism
Free Mesh Type	Hexa Core

그림 3.29　MultiZone에서의 Free Mesh Type 옵션에 따른 격자 유형

미소 면적이 잘려 있는 경우

그림 3.30　MultiZone에서 외곽 형상을 고려하는 방법

또한 MultiZone을 통해 격자를 생성할 때 외곽 형상의 고려 여부를 상세 창의 옵션에서 간단하게 설정할 수 있습니다. 따라서 이전 버전과 같이 Named Selection 또는 경계조건으로 정의하지 않아도 옵션을 통해서 원하는 격자를 생성할 수 있습니다.

2) Sizing

각각의 객체(Body, Face, Edge, Vertex)를 선택하여 격자의 크기를 조절할 수 있습니다. 이때 각각의 객체 유형에 따라 크기 값을 입력할 수 있으며 다음과 같은 옵션 항목을 통해 정의할 수 있습니다.

- **Element Size** : 모서리(Edge), 면(Face), 몸체(Body) 부분에 대한 요소(Element) 평균 길이를 정의합니다.
- **Number of Division** : 모서리(Edge)에서만 설정할 수 있으며 선택한 모서리에 만들어질 요소 개수를 정의합니다.

그림 3.31 요소 사이즈와 분할 개수로 다르게 생성한 Mesh 비교

- **Sphere of Influence(SOI)** : 생성된 구(Sphere)의 범위 내에서 지정된 크기로 격자를 개선할 수 있습니다. 이때 구는 구의 반지름 값(Sphere Radius)과 요소 크기를 정의하고 선택된 좌표계의 원점을 기준으로 생성됩니다.

그림 3.32　Type에 따른 설정 방법

- **Body of Influence(BOI)** : Sphere of Influence 기능과 동일하며 구(Sphere) 대신에 몸
  체(Body)를 선택하여 객체가 겹치는 범위 안의 격자를 개선합니다. 이때 Bodies of
  Influence로 선택된 객체는 자동으로 Suppress됩니다. 단, 이 옵션은 Mesh 항목의 상세
  창에서 [Sizing > Use Adaptive Sizing]이 No로 되어 있고 Scoped Geometry로 Body 객
  체가 선택되어 있을 때만 활성화됩니다.

그림 3.33　Body of Influence를 사용한 격자 생성

● Behavior

❶ Soft : 요소 크기가 Size Function(Proximity/Curvature)과 같은 Global Sizing의 영향뿐만 아니라 Local Remesh 기능에 의해 영향을 받아 변경될 수 있습니다.

❷ Hard : 요소 크기가 고정됩니다.

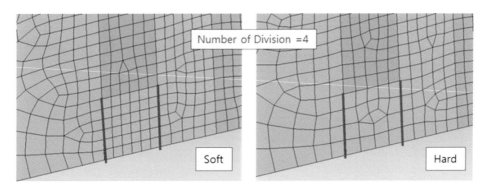

그림 3.34 옵션에 따라서 모서리에 4분할 적용

선택한 객체 유형에 따라 Sizing Option의 적용 가능 범위가 정해집니다. 다음 표에 옵션에 따라 선택할 수 있는 객체 유형을 표기하였습니다.

표 3.2 | 객체에 따라 사용 가능한 Sizing 옵션

Option/Entity	Vertices	Edges	Faces	Bodies
Element Size		○	○	○
Number of Divisions		○		
Body of Influence				○
Sphere of Influence	○	○	○	○

모서리(Edge)에 Sizing을 지정할 경우, 유일하게 요소 분할 개수를 정의할 수 있으며 Bias Type을 적용할 수 있습니다. Bias Type은 요소의 크기의 변화를 정의하는 방법입니다. 이때 Bias Factor 값을 통해 변화 비율을 정의할 수 있으며, Reverse Bias 기능을 사용하여 방향을 재설정할 수 있습니다.

그림 3.35 Bias Type에 따른 요소 크기 변화 설정

그림 3.36 Bias 방향 조절 옵션

3) Contact Sizing

해석 모델(Assembly Model)에 접촉(Contact) 조건이 있다면 Contact 부분을 선택하여 격자를 조절할 수 있습니다. 예를 들어 기어의 구조 해석을 진행할 때 접촉부가 중요하기 때문에 접촉 부분의 격자 밀도가 중요할 수 있습니다. 이렇게 접촉면에서 요소 크기를 조절하면 파트(Part)와 파트(Part) 사이의 접촉을 보다 자세히 해석할 수 있습니다.

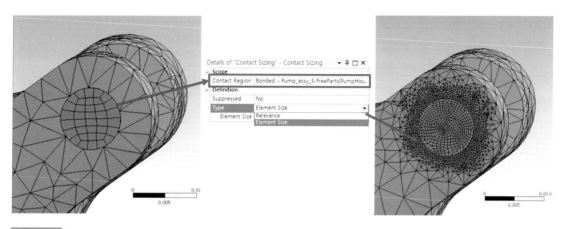

그림 3.37 Contact 영역에 요소 크기 설정

4) Refinement

이미 생성된 격자의 일부를 보다 조밀하게 재생성하는 기능입니다. 이 기능은 관심 영역
의 격자 밀도를 증가시키는 가장 쉬운 방법으로 Refinement의 수는 1~3값으로 정의할
수 있습니다. 단, 사면체요소로만 생성되며, Refinement의 수에 따라 초기 격자의 1/2,
1/4, 1/8로 격자를 재생성합니다. Refinement는 Mesh가 한 번 수행된 이후에 이용할 수
있습니다.

그림 3.38 Refinement를 사용하여 격자 재생성

5) Face Meshing

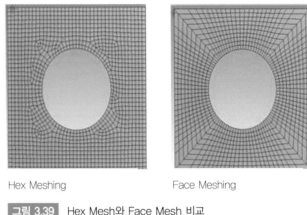

Hex Meshing   Face Meshing

그림 3.39 Hex Mesh와 Face Mesh 비교

표면에 균일한 격자를 생성하도록 설정합니다. 이때 분명한 패턴을 기준으로 Face Mesh가 생성되며 그렇지 않은 경우는 실패하게 됩니다. 자동 설정이 실패하였을 때, 사용자가 직접 측면(Side)점, 코너(Corner)점, 끝(End)점을 정의해서 균일한 Sweep Mesh를 생성할 수도 있습니다.

그림 3.40 Face Meshing에 실패한 경우 사용자가 직접 설정

〈그림 3.41〉과 같이 측면(Side) 모서리 없이 루프로 구성된 경우 축 방향, 반경 방향으로 모두 분할 개수를 적용하여 내부 분할 수를 정의할 수 있습니다. 이때 격자 생성 방법은 MultiZone/Sweep을 적용하여 육면체(Hex) 격자만 생성할 수 있습니다.

그림 3.41 축 방향, 반경 방향의 내부 분할 개수를 적용

6) Match Control

기하학적으로 회전축으로 주기적인 대칭을 이루는 형상에서 2개의 면(Face)이나 모서리 (Edge)의 격자를 동일하게 정의할 수 있습니다. Patch Independent Tetrahedrons 격자는 지원되지 않습니다.

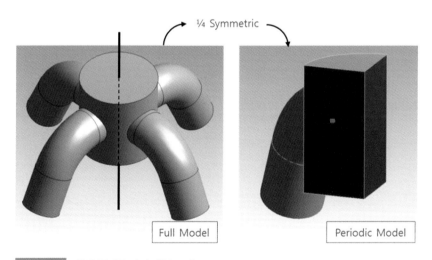

그림 3.42 회전 주기를 가진 대칭 모델

그림 3.43 동일한 객체 형상에 동일한 격자 생성

7) Pinch Control

짧은 모서리, 불필요한 점과 같은 작은 형상들을 무시하고 Mesh를 진행하는 것을 의미합니다. 이 기능을 사용할 때에는 Master와 Slave로 나누어 객체를 설정할 수 있습니다. 〈그림 3.44〉는 Slave의 형상을 Master의 형상이 있는 곳으로 이동시키는 개념으로 요철이 있는 부분을 무시하고 격자를 나눈 예입니다.

그림 3.44 Master와 Slave를 구분하여 설정

3.7 Element Shape

격자로 생성되는 요소(Element)의 형상은 적용되는 Body의 종류에 따라서 다르게 적용됩니다. 이때 Body의 종류는 Solid와 Surface로 구분할 수 있습니다.

표 3.3	Body 종류에 따른 요소 구분
Solid(3D)	**Surface(2D)**
Patch Conforming Tetrahedron	Quadrilateral Dominant
Patch Independent Tetrahedron	Triangles
MultiZone	MultiZone Quad/Tri
Sweep	
Hex Dominant	

Solid

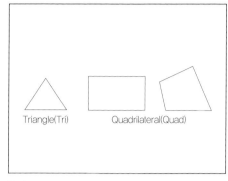

Surface

그림 3.45 Body 종류에 따른 요소 형상

요소(Element)의 형상에 따라서 적용할 수 있는 설정 조건들은 아래와 같이 구분되어 사용됩니다.

표 3.4 요소의 형상에 따른 설정 조건

Element shape	Mesh Method
Tet Meshing	Patch Conforming Tetrahedron Mesher Patch Independent Tetrahedron Mesher Tetrahedrons algorithm(assembly level)
Hex Meshing	Swept Mesher Hex Dominant Mesher Thin Solid Mesher
Quad Meshing	Quad Dominant MultiZone Quad/Tri
Triangle Meshing	All Triangles
Hex/Prism/Tet Hybrid Meshing	MultiZone Mesher

3.8 Mesh Metric

요소(Element)의 정보와 격자의 품질(Mesh Quality)에 대한 정보를 볼 수 있습니다. Mesh 를 생성한 다음 살펴볼 수 있는 내용으로는 Element Quality, Aspect Ratio for Triangles or Quadrilaterals, Jacobian Ratio(MAPDL, Corner Nodes, Gauss Points), Warping Factor, Parallel Deviation, Maximum Corner Angle, Skewness, Orthogonal Quality, Characteristic Length 항목이 있습니다. 이때 상세 창(Details View)을 통해 Min, Max, Average, Standard Deviation 값을 살펴볼 수 있습니다.

Mesh Metric	Characteristic Length ▼
☐ Min	None ⌃
☐ Max	Element Quality
☐ Average	Aspect Ratio
☐ Standard Deviation	Jacobian Ratio (MAPDL)
	Jacobian Ratio (Corner Nodes)
Inflation	Jacobian Ratio (Gauss Points)
	Warping Factor
Advanced	Parallel Deviation
	Maximum Corner Angle
Statistics	Skewness ⌄

그림 3.46   Mesh 평가 항목

〈그림 3.47〉과 같이 Mesh Metric 그래프에서는 요소의 품질(Element Quality)을 살펴볼 수 있으며, 색상의 바를 클릭하여 Element Type별로 확인할 수도 있습니다. 이때 〈그림 3.48〉과 같이 그래프에서 선택한 바에 포함된 요소가 그래픽 창에 활성화되어 나타나기 때문에 격자 위치를 쉽게 확인할 수 있습니다.

● **Element Quality** : 선택된 요소의 부피에 대한 Edge 길이의 비 (0 : Bad, 1 : Perfect)

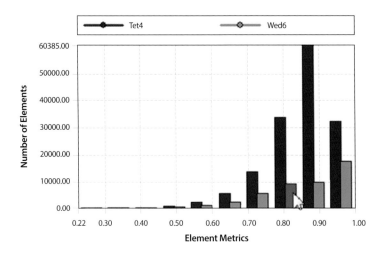

그림 3.47   Element Quality 그래프

그림 3.48 Element Quality에 따라 그래픽 창에 활성화되는 격자 표시

- **Aspect Ratio** : 요소의 늘어진 비율

그림 3.49 Aspect Ratio의 요소 기준 비율

- **Jacobian Ratio**

그림 3.50 Jacobian Ratio의 요소 기준 비율

79

- **Warping Factor**

그림 3.51 Warping Factor의 요소 기준 비율

- **Parallel Deviation**

그림 3.52 Parallel Deviation의 요소 기준 비율

3.9 Node/Element Selection

1) Selection Filter

Selection Filter 기능을 사용하면 마우스를 사용하여 직접 절점(Node)과 요소(Element)를 선택할 수 있고 Selection Information을 통해서 Element ID, Type, Node List를 확인할 수 있습니다(그림 3.53).

2) Named Selection

Named Selection은 기하 모델 또는 유한요소 객체를 그룹화하여 묶는 기능입니다. 일반적으로 데이터 정의(접촉, 하중, 경계조건 등)를 위한 전처리 단계에서 사용하며, 유사한 기하 형상, 유한요소 객체를 그룹화하여 객체를 선택하는 시간을 단축시킬 수 있습니다. Worksheet 방법을 사용하면 사용자가 특정 기준을 정의하여 기하 형상 및 형상에 연결된 절점(Node)과 요소(Element)를 쉽게 선택할 수 있습니다. 이때 Worksheet에서 Mesh

그림 3.53 Selection Information을 통한 정보확인

를 정의하는 선택기준은 ID, Type(Hex20, Tet10, Quad4, etc.), Location(Local or Global), Distance(from a Coordinate System), Size(Volume for Solids, Area for Shells/2D) 등 다양한 항목들이 있습니다. Named Selection에 대한 좀 더 자세한 내용은 제4장에서 다루도록 하겠습니다.

그림 3.54 Worksheet를 사용한 절점(Node)과 요소(Element) 선택

3.10 Virtual Topology

Meshing 과정에서 요소 개수를 줄이거나 개선하기 위해서 CAD 모델의 일부 면 또는 모서리를 하나의 객체로 묶어서 단순화할 수 있습니다. 또는 반대로 Mesh의 품질을 향상하기 위해서 모서리를 분할하여 가상의 모서리를 생성하거나 면을 분할하여 2개의 면을 생성할 수 있습니다.

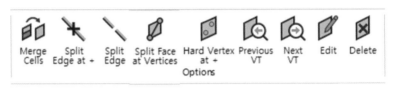

그림 3.55 │ Virtual topology 관련 메뉴

이러한 Virtual Topology 항목은 Outline Tree의 Model 항목에서 추가할 수 있습니다. Outline Tree에 Virtual Topology 항목이 추가되면 선택하여 상단의 Toolbar에서 관련 기능을 수행할 수 있습니다. 또한 Virtual Topology 항목 위에서 마우스 오른쪽 버튼을 눌러 Generate Virtual Cells를 선택하면 전체 모델에서 병합 가능한 객체를 자동으로 탐색하여 기능을 수행할 수 있습니다.

그림 3.56 │ 자동으로 면 병합을 진행

다음 그림과 같이 Virtual Topology에서 면을 병합하거나 특정 위치의 모서리를 분할하여 Mesh를 향상시킬 수 있습니다.

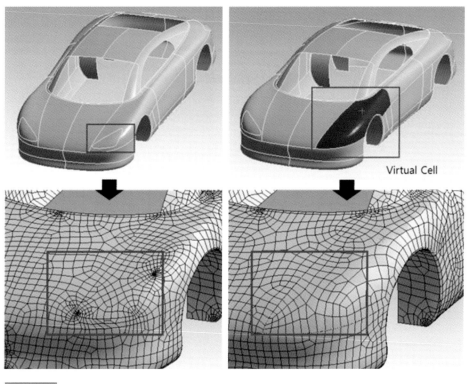

그림 3.57 면 병합을 진행 후 격자 향상

그림 3.58 모서리 분할로 격자 향상

● Merge Cells(RMB > Insert > Virtual Cell)

Merge Cells는 면이나 선을 병합하는 기능입니다. Virtual Cell에 포함되는 객체를 선택한 다음 Context Menu에서 Merge Cells를 선택합니다.

그림 3.59 Merge Cells 기능을 사용한 면 결합

● Virtual Split Edge at +/Virtual Split Edge

Virtual Split Edge at + 항목은
모서리 위의 선택 지점을 기준
으로 모서리가 분할되는 기능이
며 Virtual Split Edge 항목은 분
할 비율 값을 입력하여 모서리
를 분할하는 기능입니다. 이때
분할 비율은 기본적으로 동일한
길이로 분할되는 0.5값이 적용
되며 Edit 기능을 통해서 수정이
가능합니다.

그림 3.60 Virtual Split Edge기능를 사용하여 모서리 분할

● Split Face at Vertices

2개의 점을 기준으로 면이 분할되며, 점을 선택하면 Split Face at Vertices 항목이 활성화
되어 나타납니다.

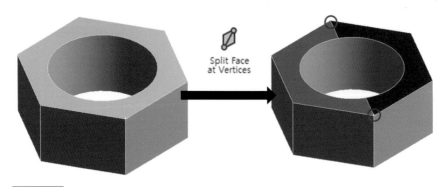

그림 3.61 2개의 점을 선택하여 면 분할

● Hard Vertex at + (RMB > Insert > Virtual Hard Vertex at +)

면 분할을 위해 가상의 점을 생성하는 기능입니다. 점이 위치할 면을 선택한 후 마우스로 찍으면 임의의 가상 점이 생성됩니다.

그림 3.62 면을 선택할 때 표시되는 위치에 임의의 점을 생성

3.11 유한요소 모델 내보내기

생성된 유한요소 모델을 외부환경에서 해석을 수행하기 위해서 다양한 파일 유형으로 저장할 수 있습니다. 격자를 생성한 다음, Main Menu에서 File > Export에서 파일 유형을 선택하고 Save As Dialog Box가 나타나면 저장할 파일 경로와 파일명을 지정하고 저장합니다.

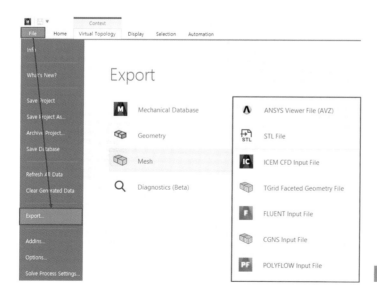

그림 3.63 Export가 가능한 파일 유형

85

이때 저장할 수 있는 파일 유형은 다음과 같습니다.

- Ansys Workbench에 시스템으로 불러들일 수 있는 Meshing File format(*.meshdat)
- Ansys ICEM CFD에서 불러올 수 있는 ICEM CFD format(*.prj)
- TGrid에서 불러올 수 있는 TGrid format(*.tgf)
- Ansys FLUENT, TGrid에서 불러올 수 있는 Ansys FLUENT mesh format(*.msh)
- CGNS-compatible application에서 불러올 수 있는 CGNS format(*.cgns)
- POLYFLOW에서 불러올 수 있는 POLYFLOW format(*.poly)

3.12 Meshing 예제

Shaft Model에 Mesh 생성하기

모델 파일 : eTSNE홈페이지 > 전문자료실 > 왕초보_7판_예제.ZIP > shaft.agdb와 shaft_1.agdb)

아래와 같은 회전 축 모델에 여러 가지 Mesh를 생성하여 비교합니다.

01 Workbench를 실행하고 Project Schematic에 Mechanical Model Component System 을 생성합니다.

02 Mechanical Model 시스템의 Geometry 셀에 마우스 오른쪽 클릭하여 Import Geometry에서 모델링된 Shaft.agdb 파일을 불러옵니다.

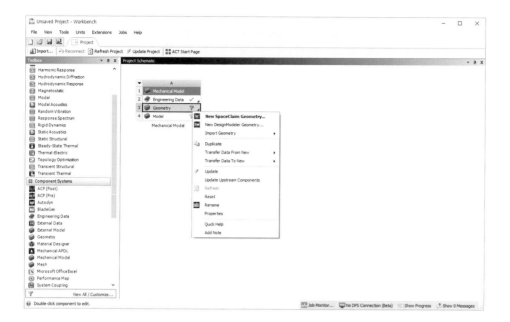

03 Workbench의 Project Schematic에 생성된 Mechanical Model Component System의 4번 Model 셀을 더블 클릭하여 Model Application을 실행합니다.

04 Detail View의 Sizing > Resolution을 2(Default)로 설정하고 Mesh를 생성합니다.

05 Detail View의 Sizing > Use Adaptive Sizing을 No로 바꾸고 Capture Curvature를 Yes
로 변경하여 Mesh를 생성합니다. 아래 표시된 곡면 부분의 Mesh가 변경된 것을 확
인할 수 있습니다.

06 Detail View의 Sizing > Capture Proximity를 Yes로 변경하여 Mesh를 생성합니다. 아
래 표시된 Edge쪽 Mesh가 변경된 것을 확인할 수 있습니다.

07 Outline Tree의 Mesh에서 RMB > Insert > Method를 추가합니다.

08 Detail View의 Method에서 Hex Dominant로 변경 후 Mesh를 다시 생성합니다.

09 Detail View의 Method에서 Hex Dominant를 MultiZone으로 변경하여 Hex Dominant와 비교합니다.

10 이번에는 Sweep Mesh를 생성하기 위해서 새로운 Mechanical Model을 만들어 Shaft_1.agdb (Shaft 모델을 4등분) 파일을 불러온 후 Model Application을 실행합니다.

11 Outline Tree의 Mesh에서 RMB > Insert > Method를 추가합니다.

12 Detail View의 Method에서 Sweep으로 변경합니다.

13 Detail View의 Src/Trg Selection을 Manual Source and Target으로 지정하고 각각 Source와 Target에 절단된 면(그림에서 빨간색 부분, 청록색 부분)을 지정합니다.

14 다른 3개의 Body들도 동일한 설정을 부여하고 Generate Mesh를 실행합니다. 다음과 같이 균일한 Sweep Mesh를 생성할 수 있습니다.

15 Method를 통하여 생성된 Mesh를 비교해봅니다.

Tetrahedron

Hex Dominant

Multizone

Sweep

04

Ansys Mechanical 시작하기

4.1 Ansys Mechanical Application 소개

Ansys Mechanical Application은 정하중 구조 해석(Static Structural), 동하중 진동해석
(Vibration), 열전달해석(Thermal), 전기-열해석(Thermal-Electric), 연성해석(Coupled-
Field) 등 다양한 영역의 해석을 지원합니다.

4.2 Ansys Mechanical 환경의 구분

1) Mechanical APDL(MAPDL)과 Workbench Mechanical 환경

Ansys에서 Mechanical 환경은 MAPDL 환경(그림 4.1)과 Workbench Mechanical 환경(그
림 4.2)으로 구분됩니다. Ansys는 1963년 초기 개발 이후 5.0버전(1994년)에 처음으로
GUI(Graphical User Interface)를 구현하였습니다. 이후 약간의 변형을 거쳤지만 현재까
지 거의 동일한 모습의 MAPDL 환경을(혹은 Classic 환경) 제공하고 있습니다. MAPDL
환경은 APDL(Ansys Parametric Design Language)을 사용하여 Batch 해석을 진행하거나
좀 더 다양한 전/후처리가 필요한 분들에게 적합한 환경이라고 할 수 있습니다. 이 책에
서 Mechanical APDL은 다루지 않습니다.

그림 4.1 MAPDL 환경

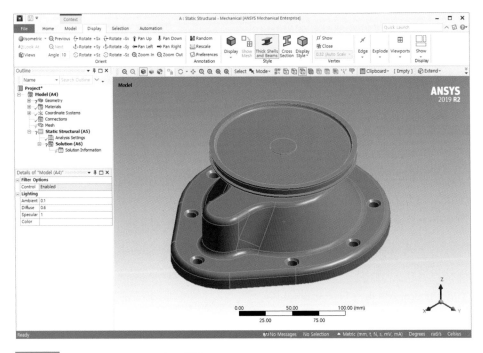

그림 4.2 Workbench Mechanical 환경

Workbench Mechanical 환경은 일반 3D CAD S/W들과 유사한 GUI로 구성되어 있으며, 유한요소해석을 처음 접하더라도 다양한 물리계 해석(예 : 열–구조 변형)을 쉽게 구현할 수 있도록 만들어졌습니다. Workbench Mechanical 환경에서는 3D CAD system과 연동하여 변경된 모델을 빠르게 업데이트할 수 있고, Ansys Solver들 간의 강력한 연성해석을 제공합니다.

4.3 유한요소해석 진행 과정

1) 해석 시스템 생성

해석자는 해석을 고려하고 있는 대상에 대해 어떤 종류의 해석을 수행할 것인지, 연성해석이라면 어떤 과정으로 진행할 것인지 결정해야 합니다. 각각의 해석 종류들은 Geometry와 Model Cell에 연결된 것처럼 해석에 필요한 개별적인 항목들을 포함하고 있는 해석 시스템에 의해 제공됩니다. 대부분의 해석 종류들은 하나의 독립적인 해석 시스템에 의해 제공됩니다. 또한 현재의 해석 시스템에서 얻은 결과를 연성해석을 위해 다른 해석 시스템에서 초기 조건으로 사용할 수 있도록 해석 시스템 간에 데이터 전송이 가능합니다. 해석 시스템의 생성에 대한 자세한 내용은 앞서 설명한 제2장 내용을 참고하시기 바랍니다.

2) 재료 물성 정의

사용자는 해석 대상에 적용해야 할 재료 물성의 값을 명확히 알고 있어야 합니다. 재료 물성이 선형 또는 비선형 특성을 가지는지, 온도에 따라 물성이 변경되는지, 등방성 또는 이방성으로 구성되어 있는지를 확인해야 하고 소성변형과 같은 비선형 해석에 필요한 물성일 경우에는 그 데이터가 Stress-Strain Curve 생성에 충분한지를 살펴봐야 합니다. 물성 값에 따라 해석 결과가 많이 다를 수 있으므로 물성 값을 결정할 때에는 주의하여 선택합니다.

3) 해석 모델 생성 또는 입력

해석 모델은 Workbench의 Geometry System(DesignModeler, SpaceClaim)을 이용하여 생성하거나, 다른 CAD 시스템에서 이미 생성된 모델을 불러와서 사용할 수 있습니다.

4) 해석 모델 환경 설정

CAD 모델을 입력한 다음에 해석 환경을 설정합니다. 모델의 강성을 유연체 또는 강체로 할 것인지, 전역좌표계 또는 국부좌표계를 이용할 것인지, 모델의 주변환경 온도상 태가 해석에 영향을 끼치는지, 대변형 효과 등을 고려할 것인지에 대한 환경 설정이 필 요합니다.

5) 연결 관계 정의

CAD 모델이 부품단위로 조립되어 유기적인 연결 관계를 이루고 있다면, 상대 부품 간에 Contact, Joints, Springs, Beams과 같은 연결 관계를 정의할 수 있으며, Explicit analysis에 서는 Body Interaction을 사용할 수 있습니다. Workbench의 Mechanical System은 CAD 시스템으로부터 조립된 모델을 불러올 때, 부품 간에 연결 상태 또는 접촉 상태를 자동 으로 생성시켜주며 사용자가 직접 연결 관계를 정의할 수도 있습니다.

그림 4.3 CAD 모델의 유기적 연결 관계

6) 격자 모델 생성

기하학적 형상에 절점과 요소를 정의하는 과정을 유한요소 모델링이라고 합니다. 이 부 분 역시 유한요소해석에서 많은 시간이 소요되는 부분이지만, Ansys Workbench는 기하 학적 형상에 대해 자동으로 절점과 요소를 생성해줍니다. 또한 사용자는 모델 중에서 원 하는 부분만 선택하여 격자의 밀도를 조절할 수도 있습니다.

Preview Surface Mesh를 적용하여 모델의 외곽 격자를 확인할 수 있습니다. 이를 활 용하면 Generate Mesh를 진행하기 전 격자에 대한 옵션들을 설정하고 외곽 면에만 격자 를 나눠 빠른 시간에 격자 품질을 파악할 수 있습니다. 또한 특정 모델(들)만을 선택하여 Generate 및 Surface Mesh를 확인할 수도 있습니다.

7) 해석 설정 정의

Ansys Workbench는 해석에 필요한 기본 설정들이 미리 정의되어 있으며, 이를 원하는 해석에 맞게 변경하여 사용할 수 있습니다. 대변형을 일으키는 응력 해석과 같은 경우, 수렴성을 향상시키기 위해 Analysis setting 항목에 사용자가 직접 다양한 상세 옵션들을 정의하거나, Ansys가 자체적으로 설정을 정의하는 'Program Controlled'를 선택하여 해석을 수행할 수도 있습니다.

8) 초기 조건 정의

전체 해석 과정에서 제품의 초기 상태를 정의하는 것으로서 외부에서 해석된 결과값, 환경 조건, 초기 온도, 잔류 응력 등과 같은 조건들을 설정합니다.

9) 하중 조건 및 구속 조건 정의

제품을 실험할 때 실험법이 있는 것과 같이 해석을 수행하기 위해 모델에 가해지는 외력이나 구속 등의 조건을 정의하는 것을 말합니다. Ansys Workbench는 다양한 하중 및 구속 조건 항목을 제공하고 있으며, 하중의 크기나 방향도 쉽게 정의할 수 있습니다. 하중 조건을 입력할 때는 입력지점과 하중의 크기, 방향을 실제 상황에 맞도록 정의하는 것이 매우 중요합니다. 구속 조건은 기하학적 형상에 구속을 부여하며, 이때 내부적으로 절점의 6개 자유도 성분에 구속이 가해집니다. 여기서 자유도란 움직일 수 있는 성분 또는 자유로운 정도라고 생각할 수 있습니다. 지구상의 모든 운동은 직교 좌표계에서 6개 방향 성분으로 분해가 됩니다. x, y, z방향의 선형 운동과 x, y, z방향의 회전 운동입니다. 아무런 구속이 없다면 하나의 절점은 6개의 자유도를 가진다는 뜻입니다. Ansys Workbench에서는 정의한 하중, 구속 조건이 화면에 표시되어 쉽게 사용할 수 있습니다.

10) 해석 수행

앞 단계에서 생성한 모델과 해석 조건은 Ansys Workbench에서 수학식으로 바뀌게 됩니다. 해석은 이러한 수학식을 풀어 가는 일련의 과정입니다. Ansys Workbench는 Ansys Solver를 이용하여 해석을 실행하며 Ansys Solver의 신뢰성은 이미 세계적으로 입증되었습니다. 또한 Ansys Workbench는 해석의 정확도를 설정하여 정확한 결과가 나올 때까지 반복 해석을 수행하는 수렴 해석(H-Adaptive mesh refinement) 기능도 제공하고 있습니다.

11) 결과 확인

모델링에서 해석까지 일련의 과정을 통해 유한요소해석을 하고 나면 사용자는 반드시 해석을 통해 계산된 결과들을 분석해야 합니다. 사용자의 정확한 결과 분석이 없다면 그 해석은 무의미하기 때문에 해석 결과에 대한 분석은 매우 중요합니다. 또한 사용자는 모델링 단계에서부터 자신이 어떤 결과를 필요로 하는지를 명확히 해야만 정확한 해석이 가능하기 때문에 어떤 해석 결과를 어떻게 이용할 것인지를 깊이 생각한 후 해석을 시작해야 합니다.

모든 해석의 결과는 숫자로 계산되지만 구조물 전체의 응력이나 변위 등을 일정한 색상으로 표현하여 시각적으로 분석할 수 있습니다. 이때 응력 등의 분포도(contour)를 관찰해서 분포도가 갑작스런 변화를 보이는 곳이나 연속적이지 않은 곳이 있는지 확인해야 합니다. 만일 갑작스러운 변화나 불연속적인 부분이 있다면 그 부분이 edge이거나 모델이 평형방정식을 만족하지 않는다는 강력한 증거이므로, 모델을 재검토하고 요소의 수를 늘려서 세밀하게 다시 모델링을 하여 해석을 수행해야 합니다. 그리고 전반적인 응력 분포와 최댓값이 나타나는 위치가 합리적인지를 검토해야 합니다.

12) 보고서 생성

Ansys Workbench는 사용자의 모든 해석 과정에 기반하여 자동으로 보고서를 생성하는 기능을 제공합니다. 문서는 HTML 형식으로 생성되며, E-mail을 통해 바로 전달할 수 있습니다. 또한 MS-Word, MS-PowerPoint로도 생성할 수 있습니다.

4.4 Mechanical 실행하기

Mechanical application의 실행방법은 다음과 같습니다.

❶ Workbench를 실행하여 Project Schematic에 해석 시스템을 생성합니다.
❷ 해석 시스템에서 재료 물성과 해석 모델을 설정합니다.
❸ Model(4번) Cell부터 Results(7번) Cell 중 어느 하나의 Cell을 더블 클릭 또는 마우스 오른쪽 버튼 메뉴의 Edit를 실행합니다.

이때 2~3번 Cell이 정의되지 않아도 4~7번 Cell을 더블 클릭하면 Mechanical Application은 실행되어 Mechanical 환경에서 형상을 불러올 수 있습니다.

Mechanical 실행방법

4.5 화면 구성

Mechanical application의 인터페이스(Interface)는 〈그림 4.5〉와 같이 구성되어 있습니다.

각 항목의 기능은 〈표 4.1〉과 같습니다.

그림 4.5 Mechanical 구성 요소

표 4.1	Mechanical을 구성하고 있는 요소들의 기능
Window 구분	**설명**
Ribbon	탭으로 구성되어 사용하기 쉬운 옵션 도구 모음입니다.
Graphics Toolbar	Select Mode 또는 Model Control 기능들을 표시합니다.
Outline	Tree 구조로 되어 있고, 해석의 모든 진행 상황을 한눈에 확인할 수 있으며, 수정과 삭제가 용이합니다. 해석과 관련된 모든 작업을 마우스 오른쪽 버튼을 이용하여 바로 수행할 수 있습니다.
Details planes	Outline 창에서 선택한 항목에 따라 Details View가 바뀌게 되며, 각 항목의 설정값을 입력 및 확인하고 변경할 수 있습니다.
Graphics Windows	해석에 필요한 모든 작업을 수행하는 화면으로 모델의 Top, Bottom, Left, Right, ISO view 등 3D 그래픽 표현하는 창입니다.
Status/Info Bar Details/Unit Bar	현재 사용 중인 단위계와 진행 상황, 모델의 치수 등을 표시합니다.
Quick Launch	드롭 다운(drop-down) 방식으로 기능을 검색할 수 있습니다.

- Massages Window : 해석 시 발생하는 Warning 및 Error에 관련한 사항을 표시해줍니다. 또한 Massage 관련 Feature를 찾아주며, Animation(동작 보기)을 수행할 수 있습니다.
- Mechanical Wizard : 마법사를 따라가면서 쉽게 해석을 수행하고 배울 수 있습니다. 각 항목을 클릭할 때마다 상세한 풍선 도움말이 나타나 작업을 안내합니다.

1) Ribbon

그림 4.6 Ribbon 메뉴

● File Tab

File Tab에서는 프로젝트 관리, 프로젝트 저장/불러오기 및 기본 응용프로그램 설정 변경 등 다양한 옵션이 있습니다.

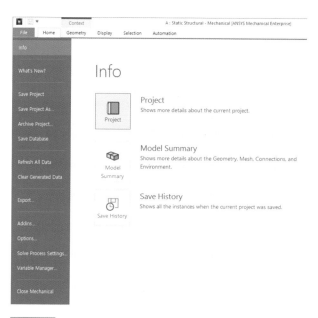

그림 4.7 File Tab

표 4.2   File Tab

기능	설명
Info	프로젝트의 설명, 세부 사항, 요약 등 프로젝트의 정보를 담고 있습니다.
What's New	업데이트된 기능에 대해 정보를 표시합니다.
Save Project	현재 프로젝트를 저장합니다.
Save Project As	현재 프로젝트를 다른 이름 또는 다른 경로에 저장합니다.
Archive Project	프로젝트 파일이 포함된 압축 파일을 생성합니다.
Save Database	전체 프로젝트를 저장하지 않고도 현재 Mechanical 세션을 저장합니다. 변경 사항을 올바르게 저장하려면 프로그램 종료 시 프로젝트를 저장해야 합니다.
Refresh All Data	Tree에 있는 형상, 재료 및 외부 데이터를 업데이트합니다.
Clear Generated Data	Tree에서 선택한 항목의 데이터베이스에서 모든 결과 및 mesh 데이터를 삭제합니다. 각 항목에서 마우스 오른쪽 클릭으로 사용 가능합니다.
Export	현재 프로젝트 외부로 내보내는 기능을 수행합니다. Mechanical application의 export된 "*.mechdat" 파일은 새 프로젝트에 불러들여 적용할 수 있습니다.
Options	현재 프로젝트에서 필요한 모든 기본값을 설정할 수 있습니다.
Solve Process Settings	솔루션 프로세스를 구성하기 위한 프로세스 설정 창을 표시합니다.
Variable Manager	변수 관리자 창을 표시합니다. 이 창에서는 기본 설정을 무시할 수 있는 응용 프로그램 변수를 입력할 수 있습니다.
Close Mechanical	현재 Mechanical 세션을 종료합니다.

● Home Tab

Home Tab에서는 Outline, Solve, Insert, Tools, Layout으로 메뉴가 구성되어 있으며, Tools에서는 단위계를 포함한 Workbench에 대한 설정 등을 할 수 있습니다.

그림 4.8   Home Tab

표 4.3	Home Tab의 기능		

메뉴	기능	설명	
Outline	Duplicate and Duplicate Without Results	Tree Outline에서 선택한 항목을 중복으로 생성합니다. User Defined Result에는 이용할 수 없습니다. Tree Outline에서 선택된 항목을 중복으로 생성하되, 내용 정보는 제외하므로 빠르게 생성 됩니다. User Defined Result에는 이용할 수 없습니다.	
	Cut/Copy/Paste	Outline 창에서 선택한 항목을 클립보드로 복사합니다.	
	Delete	선택한 항목과 그 하위 항목을 삭제합니다.(되돌릴 수 없으므로 주의하십시오!)	
	Find	Tree에서 찾고자 하는 개체의 이름이나 개체의 이름이 포함된 문자열을 대화 상자에 입력하여 검색합니다.	
	Tree	Tree의 드롭 다운 메뉴를 모두 확장 또는 축소 옵션을 제공합니다.	
Solve		Solve 그룹은 몇 가지 기본 솔루션 구성을 지정하고 분석을 해결할 수 있는 옵션을 제공합니다.	
Insert	Analysis	드롭 다운 메뉴를 사용하여 현재 프로젝트에서 새로운 해석 시스템을 추가할 수 있습니다. 새로운 해석 시스템은 물성 정보, 형상 등 다른 해석 시스템과 공유됩니다.	
	Named Selection	Named selection Toolbar(112쪽)에서 자세하게 다룹니다.	
	Coordinate System	이 항목은 Coordinate Systems의 항목을 선택했을 때만 활성화되며, 새로운 좌표계를 추가할 수 있습니다.	
	Remote Point	이 항목은 Remote Point의 항목을 선택했을 때만 활성화되며, 새로운 Remote Point를 추가할 수 있습니다.	
	Commands	Command를 추가할 수 있는 항목을 선택했을 때만 활성화되며, 새로운 Command를 추가할 수 있습니다.	
	Comment	Comment를 추가할 수 있는 항목을 선택했을 때만 활성화되며, 새로운 Comment를 추가할 수 있습니다.	
	Chart	새로운 Chart를 추가할 수 있습니다.	
	Images	Figure	Geometry window에 표시된 대상을 Capture합니다.
		Image	Tree outline에서 선택한 항목에 image를 추가합니다.
		Image from File	외부의 graphics image를 불러들입니다.
		Image to File	현재 image를 file로 저장합니다.(.png, .jpg, .tif, .bmp, .eps)
	Section Plane	Section Plane에서 자세하게 다룹니다(174~175쪽).	
	Annotation	작업화면에서 사용자가 정의한 주석의 표시 여부를 설정합니다.	

표 4.3	Home Tab의 기능 (계속)	
메뉴	기능	설명
	Units	드롭 다운을 통해 단위계를 변경합니다.
	Worksheet	정의한 항목에 대해 Worksheet window를 활성화하여 표시합니다.
	Keyframe Animation	아래 Animation 기능에서 자세하게 다룹니다.
	Animation	
Tools	Tags	태그 창을 표시하거나 숨깁니다.
	Wizard	해석 마법사 창을 열거나 닫습니다.
	Show Errors	제대로 정의되지 않은 객체에 대한 Error 메시지를 표시합니다.
	Manage Views	그래픽 보기 화면을 저장했다가 동일 화면을 사용할 수 있도록 관리 창을 표시합니다.
	Selection Information	Selection Information 창을 활성화합니다.
	Unit Converter	Unit Converter는 단위 변환을 수행합니다.
	Print Preview	Outline에서 선택한 항목의 표시 상태를 인쇄할 경우 인쇄 상태를 미리 확인할 수 있습니다.
	Report Preview	Ansys Workbench에서 자동으로 생성해주는 보고서를 미리 확인할 수 있습니다.
	Key Assignments	특정 작업을 빠르게 수행할 수 있는 모든 단축키를 나열하여 표시 합니다.
Layout	Full Screen	전체 화면 표시를 활성화합니다. 단축키는 F11 키를 사용할 수 있습니다.
	Manage	드롭 다운 메뉴로 작업 환경의 창을 활성화할 수 있습니다.
	User Defined	현재 화면에서 사용된 작업 환경의 창들을 저장하거나 불러올 수 있습니다.
	Reset Layout	작업 환경의 창들을 기본 배치 상태로 복구합니다.

- Context Tab

Context Toolbar는 Tree Outline의 선택한 항목에서 사용할 수 있는 명령들을 모아 놓은
Toolbar입니다. 따라서 Outline에서 선택한 항목에 따라(예 : Model, Solution 등) Toolbar
의 구성이 변경됩니다.

그림 4.9 Context Tab

- Display Tab

Display Tab에서는 Orient, Annotation, Style, Vertex, Edge, Explode, Viewports, Display
로 메뉴가 나눠지며, 디스플레이 창에서 모델을 이동하거나 쉘 모델의 두께 표시, 빔 모
델의 형상 표시 등 다양한 기능이 있습니다.

그림 4.10 Display Tab

표 4.4 | Display Tab의 기능

메뉴	기능	설명
Orient	Isometric	• 이 옵션은 모델을 ISO View로 변경합니다. • Set : 모델을 원하는 View로 이동시킨 다음 이 옵션을 선택하면 새로운 ISO View로 변경됩니다. • Restore Default : ISO View를 기본값으로 변경합니다.
	Look At	현재 선택한 면이나 평면을 기준으로 화면이 배치됩니다.
	Views	이 옵션은 모델의 시점(front, back, right 등)을 변경하고 ISO View에서 모델의 위치를 변경할 수 있습니다.
	Previous/Next	그래픽 창의 View에 변화가 발생하면 이전 View 버튼을 클릭하여 마지막 View 이전으로 돌아가거나, 다음 View 버튼을 통해서 커서를 움직이던 마지막 View로 화면 보기가 됩니다.
	Rotate$\pm$X/Y/Z	그래픽 창에서 모델의 축 기준으로 회전합니다.
	Pan Up/Down/ Right/Left	그래픽 창에서 모델을 이동합니다.
	Zoom In/Out	그래픽 창에서 모델을 확대 또는 축소합니다.
Annotation	Random	모든 하중과 경계 조건, Named Selection 등이 표시되는 색상을 임의로 설정해줍니다.
	Rescale	생성된 Annotation Symbols의 크기를 화면의 줌인 정도에 따라 재조정합니다.
	Preferences	모든 주석 표시를 시각적으로 설정하는 창으로 좌표계, 크랙(Crack), 질량 포인트(Point Masses) 등의 Display 환경을 설정합니다.
Style	Shaded Exterior and Edges	모델을 솔리드 상태로, 모델의 외곽선과 함께 보여줍니다.
	Shaded Exterior	모델을 솔리드 상태로 보여줍니다.
	Wireframe	모델을 외곽선 형태로 보여줍니다.
	Show Mesh	Mesh 항목 이외의 메뉴에서 Mesh를 활성화하여 표시합니다.
	Thick Shells and Beams	Mesh 확인 시 Shell과 Beam 모델의 두께 및 단면을 고려하여 보여줍니다.
	Cross Section	DM에서 정의한 Line Body의 Cross Section을 그래픽으로 표시합니다.
	Display Style	작업창에서 모델을 표시하는 타입을 설정할 수 있습니다. 기본은 Part Color로 되어 있고, 각 파트마다 다른 색으로 표현해줍니다.

표 4.4	Display Tab의 기능 (계속)	

메뉴	기능	설명
Vertex	Show Vertices	모델의 점을 부각시켜 쉽게 식별이 가능하게 해줍니다.
	Close Vertices	Scale 범위를 기준으로 기하 형상에 인접하고 있는 점을 화면에서 표시해줍니다.
Edge	Direction	하중 조건의 방향을 Vector로 입력할 때 Single face, Two vertices, Single edge 를 사용하여 방향을 결정합니다.
	Mesh Connection	아래 Mesh Connection에서 자세하게 다룹니다.
	Thicken	Mesh 확인 시 Shell과 Beam 모델의 두께 및 단면을 고려하여 보여줍니다.
	Color	Mesh의 연결을 구별하는 것과 같이 Edge의 그래픽 기능들을 표시합니다.
	Free	면과 공유하지 않는 모서리의 edge를 숨기거나 강조하는 기능을 지원합니다.
	Single	하나의 면과 공유하는 모서리의 edge를 숨기거나 강조하는 기능을 지원합니다.
	Double	2개의 면과 공유하는 모서리의 edge를 숨기거나 강조하는 기능을 지원합니다.
	Triple	3개의 면과 공유하는 모서리의 edge를 숨기거나 강조하는 기능을 지원합니다.
	Multiple	4개 이상의 면과 공유하는 모서리의 edge를 숨기거나 강조하는 기능을 지원합니다.
Explode		멀티 바디에서 형상의 가상의 거리를 만들어 그래픽 표시를 지원하는 기능입니다.
Viewports		작업 화면을 수직 또는 수평으로 나누어 활용할 수 있도록 해줍니다.
Display	Ruler	작업 화면에서 하단부분에 위치한 측정도구(자)의 표시 여부를 설정합니다.
	Legend	해석 결과 범위가 해석 후 작업 화면 창 왼쪽 상단에 Default로 위치하게 하는데, 이를 선택/해지함으로써 Show/Hide합니다.
	Triad	그래픽 창의 오른쪽 하단에 좌표축을 표시합니다. (마우스를 좌표축에 대면 방향을 보여줍니다.)
	Show Mesh	Mesh 항목 이외의 메뉴에서 Mesh를 활성화하여 표시합니다.
	Visual Expansion	Cyclic Symmetry 모델 또는 Full Symmetry 모델의 결과를 가시적으로 표시할 것인지의 여부를 설정합니다.

● Selection Tab

Selection Tab에서는 Named Selections, Extend To, Select, Convert To, Walk로 나뉘어지며,
크기 또는 위치와 같은 선택 기준으로 기하학적 형상을 쉽게 선택하는 기능을 포함하고
있습니다.

그림 4.11 Selection Tab

표 4.5 | Selection Tab의 기능

메뉴	기능	설명
Named Selections		Named selection Toolbar(112쪽)에서 자세하게 다룹니다.
Extend To		• **Extend to Adjacent** : 곡률 각도가 허용 범위에 있는 인접한 첫 번째 면까지 확장 선택합니다. • **Extend to Limits** : 곡률 각도가 허용 범위에 있는 인접한 면들을 최대한 확장 선택합니다. • **Extend to Connection** : 접촉, joint, mesh connection으로 설정된 경계까지 면 선택을 확장합니다. • **Extend to Instances** : CAD model에서 pattern으로 반복 생성된 요소들 (vertices, edges, faces, bodies)을 찾아 확장 선택합니다.
Select	Mesh by Id	Mesh가 활성화되어 있을 경우, 절점 또는 요소 번호를 입력하여 그래픽 창에 선택되는 기능입니다.
	Location	• **Select All Entities With the Same X Location** : 현재 선택한 형상 요소(vertex, edge, face, body)에서 X좌표가 동일한 형상 요소를 선택해주는 기능입니다. • **Select All Entities With the Same Y Location** : 현재 선택한 형상 요소(vertex, edge, face, body)에서 Y좌표가 동일한 형상 요소를 선택해주는 기능입니다. • **Select All Entities With the Same Z Location** : 현재 선택한 형상 요소(vertex, edge, face, body)에서 Z좌표가 동일한 형상 요소를 선택해주는 기능입니다.
	Size	• **Select All Entities With the Same Size** : 현재 선택한 형상 요소(edge, face, body)에서 동일한 크기가 동일한 형상 요소를 선택해주는 기능입니다. • **Select All Entities Smaller than Selection** : 현재 선택한 형상 요소(edge, face, body)에서 현재 크기보다 작은 형상 요소를 선택해주는 기능입니다. • **Select All Entities Smaller than** : 현재 선택한 형상 요소(edge, face, body)에서 사용자가 지정한 크기보다 작은 형상 요소를 선택해주는 기능입니다.

표 4.5	Selection Tab의 기능 (계속)	
메뉴	**기능**	**설명**
Select	Size	• **Select All Entities Larger than Selection** : 현재 선택한 형상 요소(edge, face, body)에서 현재 크기보다 큰 형상 요소를 선택해주는 기능입니다. • **Select All Entities Larger than** : 현재 선택한 형상 요소(edge, face, body)에서 사용자가 지정한 크기보다 큰 형상 요소를 선택해주는 기능입니다.
	Invert	현재 선택한 형상 요소(edge, face, body)에서 선택되지 않은 형상 요소를 선택하는 기능입니다. (반전 기능)
	Common Edges	공유되는 edge를 선택하는 기능입니다. (Shared Topology body일 경우)
	Cylindrical Faces	원통인 모든 면을 선택하는 기능입니다. (완벽한 원통이 아니어도 상관없습니다.)
	Shared Topology	Shared topology가 된 vertex, edge, face를 선택할 수 있습니다.
	Same Material	선택된 body와 동일한 재질을 가지는 body를 선택할 수 있습니다.
Set Tolerances		선택 옵션 시 치수의 공차를 지정할 수 있습니다.
Convert To		선택된 항목에서 하위나 상위에 포함된 형상 요소를 선택할 수 있습니다. (예 : body에 포함된 face)
Walk		그래픽상에서 하나 이상의 형상 요소를 선택했을 경우 각 형상 요소를 순차적으로 강조하여 표시하는 기능입니다. (body, face, edge, vertex 지원)

● Automation Tab

Automation Tab에서는 Tools, ACT, Support, User Buttons 등 사용자 편의를 위한 기능 및 Custom 기능이 포함되어 있습니다.

그림 4.12 Automation Tab

표 4.6	Automation Tab의 기능	
메뉴	기능	설명
Tools	Object Generator	개체 생성기 창을 활성화합니다.
	Run Macro	사용자가 정의한 매크로 파일을 실행할 수 있습니다. (.py)
ACT		ACT Console을 엽니다.
Support	App Store	Ansys Application Store 웹 페이지를 표시합니다.
	Scripting	Scripting 도움말 웹 페이지를 표시합니다.
User Buttons	Manage	사용자 버튼 그룹을 이용하여 사용자 옵션을 생성, 편집 및 관리할 수 있습니다.

● Graphics Toolbar

그림 4.13 Graphics Toolbar

Graphics Toolbar는 선택 방법을 변경하거나 또는 화면 표시 방향을 변경하는 명령어들을 제공합니다. 각 Icon Button에 대한 설명은 아래와 같으며 DesignModeler에서 설명된 내용은 생략합니다.

표 4.7	Graphics Toolbar의 기능
기능	**설명**
Previous/Next	그래픽 창의 View에 변화가 발생하면 이전 View 버튼을 클릭하여 마지막 View 이전으로 돌아가거나, 다음 View 버튼을 통해서 커서를 움직였던 마지막 View로 화면 보기가 됩니다.
Shaded Exteriors and Edges	모델을 솔리드 상태로, 모델의 외곽선과 함께 보여줍니다.
Shaded Exteriors	모델을 솔리드 상태로 보여줍니다.
Wireframe	모델을 외곽선 형태로 보여줍니다.
Show Mesh	Mesh 항목 이외의 메뉴에서 Mesh를 활성화하여 표시합니다.
Rotate, Pan, Zoom	마우스 커서를 위치시키고, 회전, 이동, 확대 및 축소 등 그래픽 창에 표현합니다.
Zoom To Fit	그래픽 창에 전체 모델을 확대/축소하여 맞춥니다.
Zoom To Selection	그래픽 창에 선택된 모델을 확대합니다.
Select	Label을 선택합니다.
Mode	객체를 선택하거나 절점을 선택하는 방법으로 표면의 객체/절점 선택뿐만 아니라 유한요소 모델 내부의 절점/요소를 선택할 수 있습니다.
Vertex, Edge, Face, Body, Node, Element Face, Element	사용자가 선택하길 원하는 객체에 맞게 속성을 변경합니다.
Label	하중이 적용된 곳에 생성된 Label 또는 Probe 명령으로 생성된 Label을 이동 및 삭제할 수 있습니다.
Direction	하중 조건의 방향을 Vector로 입력할 때 Single face, Two vertices, Single edge를 사용하여 방향을 결정합니다.
All	현재 선택된 필터 유형에 따라서 모든 형상 요소를 선택합니다. (Ctrl+A로 사용 가능)
Invert	현재 선택한 형상 요소(edge, face, body)에서 선택되지 않은 형상 요소를 선택하는 기능입니다. (반전 기능)

표 4.7	Graphics Toolbar의 기능 (계속)
기능	설명
Clipboard	현재 선택된 필터 유형에 따라서 모든 형상 요소를 Clipboard에 저장하여 불러오기가 가능합니다.
Select By	자세한 내용은 Selection 탭에 Select menu에 소개되어 있습니다.
Convert	자세한 내용은 Selection 탭에 Convert To menu에 소개되어 있습니다.
Viewports, Sync Viewports	아래 Viewports에서 자세하게 다룹니다.
Front/Back/Right/Left/Top/Bottom	모델의 View를 변경합니다.
Reset Toolbar	그래픽 도구 모음의 기본 설정으로 초기화합니다.

- Unit Converter

Unit Conversion Toolbar는 단위 변환을 수행합니다.

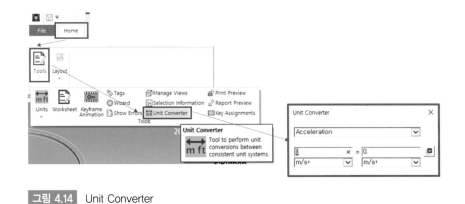

그림 4.14 Unit Converter

- Named Selection Toolbar

그림 4.15 Named Selection Toolbar

Named Selection Toolbar는 자주 사용하는 형상들을 그룹으로 정의해 다시 사용할 수 있는 기능을 지원합니다. 불러온 모델의 원하는 부분만을 보여주거나 숨길 수 있으며, 원하는 모델만 해석에 사용하도록 활성화/비활성화 하는 기능도 있습니다.

Named Selection을 설정할 때에는 두 가지 방법을 사용할 수 있습니다. 첫 번째 방법은 〈그림 4.16〉과 같이 Toolbar에서 Create Named Selection 아이콘을 클릭하여 개체를 선택하거나, 원하는 개체를 선택하고 RMB > Create Named Selection으로도 지정하는 방법입니다. 다만, Named Selection은 오직 같은 개체로만 그룹을 생성할 수 있습니다(모델의 점, 선, 면, 절점 등).

그림 4.16 직접 객체 선택을 통한 Named Selection 정의 방법

두 번째 방법은 Worksheet를 사용하여 새로운 Named Selection을 생성하는 방법입니다. 먼저 Scoping Method를 "Worksheet"로 변경하고 Worksheet 창에서 다양한 기준으로 개체들을 선택하여 그룹을 생성합니다. 선택이 복잡해질 경우 Add, Remove, Filter 기능을 사용하여 개체를 선택한 후에 "Generate"를 선택하여 완료합니다.

그림 4.17 Worksheet를 사용한 Named Selection 정의 방법

● **Tree outline conventions**

❶ Tree Outline : Outline에서는 해석의 모든 진행 상황을 한눈에 확인할 수 있으며, 해석과 관련된 모든 작업을 마우스 오른쪽 버튼을 이용하여 바로 수행할 수 있습니다.

〈그림 4.18〉은 설정된 내용을 쉽게 확인할 수 있는 Tree 구조를 보여주고 있으며 필요한 기능을 추가하고 해석을 진행할 수 있습니다.

그림 4.18 Outline Tree 구성 내용

❷ Status Symbols : 다음 〈표 4.8〉은 Tree Outline에서 보여 주는 각종 기호에 대한 설명입니다. 현재 설정 조건 및 해석 상태를 쉽게 확인할 수 있습니다.

표 4.8 | Status Symbols

Status Symbol 이름	기호	예
Undefined	?	물음표는 데이터 입력이 부족한 상태를 나타냅니다. (입력 필요)
Error	!	느낌표는 현재 설정에 문제가 있음을 알려줍니다.
Mapped Face 또는 Match Control 실패	⊝	Mapped face meshing 또는 Match Control이 실패했다는 의미입니다.
Hidden	✓	body 또는 파트가 숨겨져 있는 상태를 나타냅니다. (해석에 참여함)

Status Symbol 이름	기호	예
Ok		모든 조건이 만족하게 입력된 상태를 나타냅니다.
Meshed		모델에 mesh가 생성되었음을 나타냅니다.
Suppress		"X"표시는 모델이 Suppress된 상태를 나타냅니다. (해석에 참여 안 함)
Solve		Yellow 번개 : 아직 해석이 실행되지 않은 상태를 나타냅니다.
		Red 번개 : 해석이 실패한 상태를 나타냅니다.
		Green 번개 : 해석이 진행 중인 상태를 나타냅니다.
		Green 체크 : 해석이 완료된 상태를 나타냅니다.

표 4.8 Status Symbols (계속)

2) Status bar

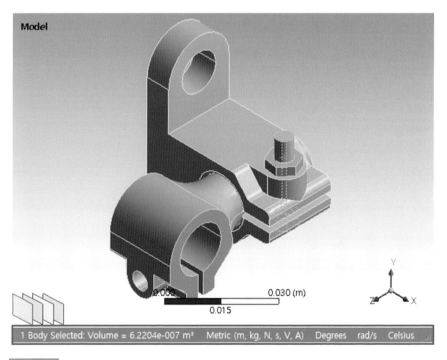

그림 4.19 Status bar

상태 표시줄은 현재 작업 중인 상황과 사용 중인 단위계, 그리고 모델에서 선택된 면이나 모서리의 면적 또는 길이를 표시해줍니다. 이를 통해서 사용자는 현재의 작업 상황을 쉽게 확인할 수 있습니다.

3) Details View

좌측 하단에 위치한 Details View는 Outline에서 선택한 항목에 따라 자동으로 변하면서 상세한 정보를 보여줍니다. 또한 Details View에서 사용자가 원하는 항목을 선택하여 설정값을 변경할 수 있습니다. Details View의 구성은 Outline에서 선택된 항목에 따라 다르게 나타나며 일반적으로 다음과 같습니다.

❶ Header

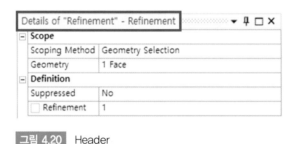

그림 4.20 Header

Details View의 Header는 Outline에서 선택한 항목을 설정할 때 항목의 이름이 표시됩니다. Category 영역은 확장 표시를 선택하여 상세 설정을 진행할 수 있습니다.

❷ Undefined

그림 4.21 Undefined

설정값을 입력하지 않았거나 내용이 불충분한 경우에는 노란색으로 표시됩니다.

❸ Geometry & Direction

Geometry 영역은 모델에 설정값을 적용할 위치를 지정하는 곳입니다. 아래 그림
은 Bearing Load를 2개 면에 적용하는 과정입니다. 모델에서 적용 위치를 선택한 후
Geometry 영역에서 Apply를 선택합니다. Direction 영역에서 방향을 정의하고 Apply를
클릭합니다. Apply를 클릭하지 않으면 선택한 적용 위치가 저장되지 않습니다.

그림 4.22 Geometry & Direction

❹ Decisions

설정값을 입력할 경우에는 Vector 또는 Component로 방향을 지정할 수 있습니다.

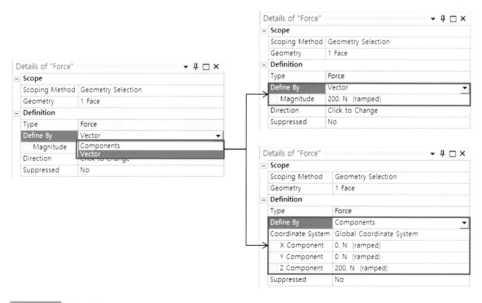

그림 4.23 Decisions

❺ Text Entry

텍스트 입력은 문자열, 숫자, 정수로 규정되어 있으며 값의 수정이 용이합니다.

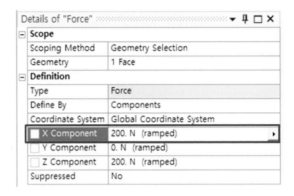

그림 4.24 Text Entry

❻ Numeric Values

설정값에 상수값이나 식, 표 형식의 데이터와 함수 형태의 식을 입력할 수 있습니다. 이 때 입력된 수식은 자동 계산되어 적용됩니다. 예를 들면, 위와 같이 [=2 + (3*5) + pow (2, 3)] 수식을 영문 표기로 입력하였을 경우 값이 계산되어 25로 입력됩니다. 수식으로 정의하려면 수식 앞에 Equal sign [=]을 반드시 입력해야 합니다. Ansys Workbench에서 지원하는 함수는 Ansys Help Viewer를 참고하시기 바랍니다.

그림 4.25 Numeric Values

❼ Ranges

설정값에 정해진 범위가 있다면, 설정값 우측에 Slider를 사용하여 정의할 수 있습니다.

그림 4.26 Ranges

❽ Increment

설정값이 증가하는 범위를 가진다면, 설정값 우측에 수평으로 위치한 Up/Down control
버튼을 사용하여 정의할 수 있습니다.

그림 4.27 Increment

❾ Exposing Fields as Parameters

매개변수로 설정 가능한 항목은 옆에 네모 상자가 나타나게 되며, 이를 클릭하여 P라는
글자가 표시되면 Parameter로 사용 가능합니다.

그림 4.28 Exposing Fields as Parameters

4) Graphics window

작업 화면은 기본 "Geometry" 창에서 상부 Home Tab의 Tools 선택에 따라, "Print Preview", "Report Preview" Tab과 "Worksheet window"가 추가되어 확인 가능합니다.

그림 4.29 Graphics window

❶ Geometry

불러들인 모델을 확인하고 조명 상태, 투명도, 배경색 등의 설정을 할 수 있으며, 격자 생성 작업 결과, 해석 결과 및 애니메이션을 확인할 수 있습니다.

❷ Print Preview

Outline에서 선택한 항목의 표시 상태를 인쇄할 경우 인쇄 상태를 미리 확인할 수 있습니다.

그림 4.30 Window Tab을 사용하여 Print Preview로 그래픽 창 전환

❸ Report Preview

Ansys Workbench에서 자동으로 생성해주는 보고서를 미리 확인할 수 있습니다. Report Preview는 보고서를 생성하는 시간이 필요하므로 해석 작업을 완료한 후에 최종적으로 보고서를 작성할 때에만 사용하도록 합니다(그림 4.31).

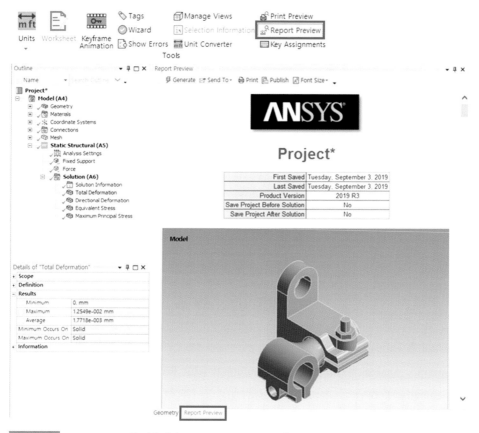

그림 4.31 Window Tab을 사용하여 Report Preview로 그래픽 창 전환

Outline의 탭에서 보고서에 넣고자 하는 그림들을 상부 Home Tab에서 Images > Figure를 통해 미리 첨부(capture)합니다. 또한 Comment라는 항목을 통하여 주석을 삽입할 수도 있습니다. 미리 그림과 주석을 Outline 아래에 첨부해 놓으면, Report Preview를 선택했을 때 자동으로 Outline의 상위 항목에서부터 모든 정보를 첨부하여 보고서를 생성합니다. 생성된 보고서는 폴더, 웹 서버, 메일, MS-Word, MS-PowerPoint로 저장할 수 있으며 수정도 가능합니다.

그림 4.32 설정 항목에 대한 주석 설정 및 참조 그림 생성 기능

❹ Worksheet

Outline 항목 내용을 상세히 살펴봐야 할 경우, 해당 항목을 선택하고 상부 Home 메뉴 Tools에서 Worksheet를 클릭하면 Sheet 형식으로 정보를 확인할 수 있습니다. 이때 Worksheet의 내용은 각각의 선택 항목마다 다르게 나타나며, Worksheet를 독립된 Window로 표시할 수 있게 되어 있어 Geometry window와 같이 표시하여 볼 수도 있습니다. Print Preview, Report Preview Tab 또한 동일하며, 여러 Window를 개별적으로 이동하는 과정에서 불규칙하게 배치되거나 사라지는 경우에는 상부 Home Tab에서 Reset Layout을 선택하여 초기 상태로 되돌릴 수 있습니다.

그림 4.33 화면 창 배열 관리 기능

5) Graph & Tabular data

Outline에서 Analysis Settings, Loads, Contour Results, Probes, Charts 항목들을 선택하면 Geometry 창 하단에 Graph와 Tabular Data 창이 활성화되어 데이터를 표시합니다. Graph와 Tabular Data는 Analysis setting 관리, load 설정, Result 표시에 대한 과정을 좀 더 쉽게 접근할 수 있도록 도와줍니다.

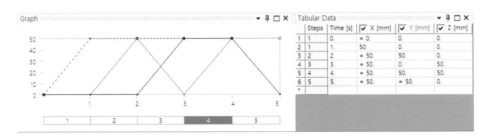

그림 4.34 Tabular Data 창의 입력값을 그래프 창에 표시

6) Massages

Messages Window는 Mechanical application에서 사용자가 작업한 결과에 대한 정보를 신속하게 표시해줍니다. 예를 들면, Database, Mesh, Model을 불러올 때, 또는 처음 해석을 수행할 때 Error, Warning, Information에 대한 Message를 표시합니다. 해석이 진행되지 않는 경우 Error, Warning Messages에서 문제점을 찾아볼 수 있습니다.

그림 4.35 Message Window 활성화 메뉴

기본적으로 Messages Window는 숨김 상태로 되어 있으나 Mechanical application이 구동되는 동안 불안정한 결과에 대해서는 자동으로 Message를 표시합니다. 사용자가 직접 Messages Window를 표시하려면 상부 Home Tab에서 Manage > Messages를 선택하시기 바랍니다.

그림 4.36 활성화된 Message Window

4.6 Wizards

초보자라도 해석 마법사(Simulation Wizard)를 이용하면 쉽게 해석 설정을 수행할 수 있습니다. 마법사의 각 항목을 클릭하면 작업할 메뉴가 위치한 곳에 풍선 도움말이 나타나고 해야 할 작업과 의미를 설명해줍니다. 해석 마법사는 해석 기능에 따라 다음과 같이 나타나며, 옵션 작업이나 고급 작업에 대한 해석 마법사도 제공하고 있습니다.

1) 해석 마법사 사용 방법

먼저, 진행할 Analysis system을 선택하여 실행시킵니다. 실행 후 상부 Home 메뉴 Tools에서 Mechanical Wizard 아이콘(⊙Wizard)을 클릭하면 Graphic window 우측에 Mechanical Application Wizard가 활성화됩니다. Wizard 창에는 해석 순서가 나열됩니다. 이 순서에 맞추어 해석을 진행하면 됩니다.

그림 4.37 Simulation Wizard 창 활성화

2) 해석 마법사 용어(Required Steps)

❶ Verify Material : 모델에 물성치를 부여합니다.

❷ Consider Multistep Analysis : 하중에 대한 스텝을
정의합니다.

❸ Insert Structural Loads : 하중 조건을 입력합니다.

❹ Insert Supports : 구속 조건을 입력합니다.

❺ Insert Structural Results : 확인할 해석 결과 항목
을 삽입합니다.

❻ Solve : 해석을 실행합니다.

❼ View Result : 해석 결과를 확인합니다.

❽ View Report : 보고서를 생성합니다.

그림 4.38 Wizard를 사용한
구조 해석 순서

3) 풍선 도움말

Required Steps에서 진행하고자 하는 항목을 선택하면 사용자가 어느 위치에서 입력 또
는 설정해야 하는지 풍선 도움말이 나타납니다.

그림 4.39 Wizard의 단계 선택을 통한 말풍선 활성화

4) 아이콘 설명

Simulation Wizard의 Required Steps에 있는 항목들을 순서대로 실행하면 원하는 해석을 쉽게 수행할 수 있습니다. 각 항목은 작업이 완료되면 항목 왼쪽의 아이콘처럼 아이콘의 형태가 바뀌게 됩니다. 아이콘의 형태에 따른 설명은 아래 〈표 4.9〉와 같습니다.

표 4.9	아이콘의 의미
아이콘	설명
✔	설정한 내용에 문제 없이 적용되었음을 나타냅니다.
ⓘ	설정에 관한 정보를 제공합니다.
⚡	해석을 수행할 준비가 되었음을 나타냅니다.
⬤	전 단계가 완료될 때까지 설정이 불가능함을 나타냅니다.
✖	설정이 변경되어 해석(Solving)을 다시 수행해야 함을 나타냅니다.
✖	아직 수행되지 않았음을 나타냅니다.

4.7 Mechanical Hotkeys

신속한 작업 수행 및 조작을 위해서 단축키를 사용할 수 있습니다. Home Tab의 Key Assignments를 활성화하여 단축키를 편집(수정값 저장 및 불러오기, 기본값으로 초기화도 가능)하거나 지정된 값을 볼 수 있습니다. 그리고 'Alt' 키를 클릭하면 단축 아이콘위에 단축키가 표시되며, 해당 키를 타이핑하면 단축 아이콘이 실행됩니다. 기본적인 단축키는 〈표 4.10〉과 같습니다.

그림 4.40 Key Assignments 활성화

표 4.10	Mechanical Hotkeys	
구분	**단축키**	**작업**
Tree Outline Actions	F1	Mechanical User's Guide가 열립니다.
	F2	선택한 Tree 항목의 명칭을 변경합니다.
	Ctrl+S	Project를 저장합니다.
	Shift+Ctrl+G:	그룹을 해제합니다.
	Ctrl+G	Tree에서 선택한 항목들을 그룹으로 묶습니다.
Graphics Actions	I	Selection Imformation 창을 활성화합니다.
	M	Selection Mesh By ID 창을 활성화합니다.
	N	Named Selection 창을 활성화합니다.
	F6	모델 보기(View) 방법을 전환해줍니다. (Shaded Exterior and Edges, Shaded Exterior, Wireframe)
	F7	화면 창에 맞추어 확대/축소를 진행합니다.
	F8	선택한 면을 숨깁니다.
	F9	선택한 바디를 숨깁니다.
	Ctrl+A	활성화된 선택 필터를 기반으로 객체를 모두 선택합니다.
	Ctrl+F9	선택한 바디 외의 바디는 숨깁니다.
	Shift+F9	전체 바디를 보여줍니다.
Selection Filters	Ctrl+B	Body 선택을 활성화합니다.
	Ctrl+E	Edge 선택을 활성화합니다.
	Ctrl+F	Face 선택을 활성화합니다.
	Ctrl+P	Vertex 선택을 활성화합니다.
	Ctrl+N	Node 선택을 활성화합니다.
	Ctrl+L	Element 선택을 활성화합니다.
	Ctrl+M	Virtual Topologies 항목에서 2개 이상의 면을 선택하여 면 병합을 수행합니다.
	Shift+F1	Extend to Adjacent 선택을 수행합니다.
	Shift+F2	Extend to Limits 선택을 수행합니다.
	Shift+F3	Extend to Connection 선택을 수행합니다.
	Shift+F4	Extend to Instances 선택을 수행합니다.

4.8 Pre-process

해석 작업은 크게 전처리(Pre-process) > 해석(Solve) > 후처리(Post-process) 과정으로 구분할 수 있습니다. 그중에서도 전처리(Pre-process) 영역은 해석하려는 모델에 격자 (Mesh)를 생성하여 유한요소 모델을 만들고 재료 물성을 정의하며, 해석에 필요한 경계 조건을 설정하는 과정입니다. 이번 절에서는 Ansys Workbench의 Mechanical Application 에서 제공하는 전처리 기능을 설명하겠습니다.

1) Geometry 정의

● **모델 불러오기**

해석을 위한 모델을 Ansys Workbench DesignModeler 또는 SpaceClaim에서 모델링하거 나 다른 CAD 프로그램과 Plug-in으로 작업하여 모델을 불러올 수 있습니다.

● **업데이트**

Ansys Workbench를 CAD 프로그램과 Plug-in으로 작업하는 경우, 업데이트 기능을 이 용하면 효율적으로 해석 과정을 진행할 수 있습니다. 모델을 해석한 후 취약점이나 문제 점이 분석되면 그 문제점을 개선하는 방향으로 설계를 변경하게 됩니다. 그리고 설계가 변경된 모델을 검증하기 위해 다시 해석을 수행해야 합니다. 이때 Ansys Workbench의 업데이트 기능을 이용하면 수정한 모델을 효율적으로 다시 해석할 수 있습니다. 아래의 〈표 4.11〉은 업데이트 사용 시 해석 과정의 단축 정도를 보여줍니다.

표 4.11	업데이트 사용 시 해석 과정 비교
구분	**수정된 모델의 재해석 과정**
일반적인 과정	초기 해석 > 결과 분석 > 모델 수정 > 모델 불러오기 > 물성 설정 > 접촉 설정 > Mesh 생성 > 해석 조건 설정(하중, 구속 조건) > 솔루션 설정 > 재해석 실행
업데이트 사용 시	초기 해석 > 결과 분석 > 모델 수정 > 업데이트 > 재해석 실행

❶ 3D CAD 프로그램의 메뉴에 있는 Ansys의 Workbench를 선택합니다. Ansys Workbench가 실행되고, Project Schematic 영역에 Geometry System이 생성되며 이 를 Analysis System과 연결하여 실행합니다.

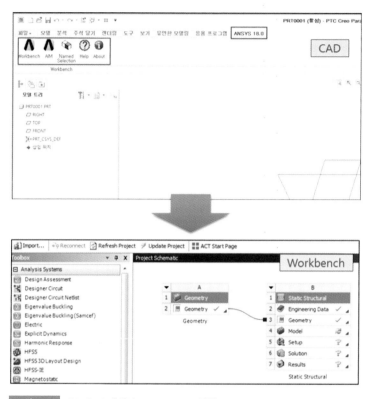

그림 4.41 3D CAD에서의 Workbench 실행

❷ 구속 조건 및 하중 조건을 부여하고, 해석을 수행하여 결과를 분석합니다.

❸ 현재 열려 있는 3D CAD 프로그램에서 형상을 수정합니다. 해석 환경(Mechanical)의
Outline > Project > Model에서 Context 메뉴 항목 중 Update Geometry from Source
를 실행합니다. 수정된 형상이 반영되면 재해석을 수행하고 결과를 분석합니다.

그림 4.42 형상 수정 정보를 해석 환경에서 업데이트

● 상세정보

Ansys Workbench에서 모델을 불러온 후, 작업을 편리하게 하고 결과를 정확히 판단할 수 있도록 작업 환경을 설정할 수 있습니다. 작업 환경은 Outline 창의 Model, Geometry, 각 Part 항목을 선택하고 Details View를 통해서 설정할 수 있습니다.

❶ Details of Model

그림 4.43 Outline의 Model 항목의 상세 설정 창

해석하기 위한 전체 모델의 그래픽 상태를 설정할 수 있습니다.

표 4.12 │ 그래픽 항목 설명

항목	설명
Ambient Light	모델을 향하는 전체 조명의 밝기를 설정합니다.
Diffuse Light	확산 조명으로 모델의 명암을 설정합니다.
Specular Light	모델에 반사되는 조명의 정도를 설정합니다.
Light Color	조명의 색상을 설정합니다,

❷ Details of Geometry

Geometry의 Details View에는 모델 전체에 대한 상세 정보와 변경 가능한 설정 항목을 표시합니다. 하지만 Properties 카테고리인 Basic Geometry Options 항목과 Advanced Geometry Options 항목은 수정이 불가능합니다. Properties 카테고리 항목들은 모델의 기본 정보를 나타내는 것으로서 이를 수정하기 위해서는 DesignModeler에서 모델의 형상을 수정하거나 Engineering Data의 재료 물성을 변경해야 합니다.

그림 4.44 Geometry의 상세 설정 창의 구성 항목

표 4.13	Geometry의 상세 설정 창
항목	**설명**
Source	불러온 모델 파일이 저장된 위치를 알려줍니다.
Type	모델 파일의 종류를 보여줍니다.
Length Unit	해석에 사용할 길이 단위계를 설정합니다. MDT, CATIA, ACIS 모델에 한하여 길이 단위 설정을 통해 Workbench에서 모델 크기의 변경이 가능합니다.
Element Control	요소의 적분점 개수를 설정합니다. 예를 들어 Element Control을 Manual로 바꾸면 Part를 선택하였을 때 Brick Integration Scheme 항목이 활성화되어, Full/Reduced를 선택할 수 있습니다.
Display Style	작업창에서 모델을 표시하는 타입을 설정할 수 있습니다. 기본은 Part Color로 되어 있고, 각 파트마다 다른 색으로 표현해줍니다.
Length X	모델 전체의 X축에 대한 길이를 표시합니다. (수정 불가)
Length Y	모델 전체의 Y축에 대한 길이를 표시합니다. (수정 불가)
Length Z	모델 전체의 Z축에 대한 길이를 표시합니다. (수정 불가)

표 4.13	Geometry의 상세 설정 창 (계속)
항목	설명
Volume	모델 전체의 체적을 표시합니다.
Mass	모델 전체의 중량을 표시합니다.
Scale Factor Value	모델 확대/축적을 설정합니다.
Bodies	전체 모델을 구성하고 있는 단품의 수량을 표시합니다.
Active Bodies	전체 모델 중 해석에 활성화된 단품의 수량을 표시합니다.
Nodes	Mesh 구성 시 생성된 전체 모델의 Node 개수를 표시합니다.
Elements	Mesh 구성 시 생성된 전체 모델의 Element 개수를 표시합니다.
Mesh Metric	생성된 격자의 품질을 평가할 수 있습니다. Mesh 항목에서 Mesh Metric 을 설정해야 표시됩니다.

❸ Details of Part

Part의 Detail View에서는 선택한 Part의 정보를 보여줍니다. Surface 모델인 경우에는 두 께 설정 항목이 추가되며 두께를 설정해야만 해석을 수행할 수 있습니다.

그림 4.45 Part의 상세 설정 창의 구성 항목

표 4.14	Part의 상세 설정 창
항목	**설명**
Graphics Properties	Graphics Properties 카테고리에는 각각의 Part마다 표시 여부, 밝기, 투명도, 색상, 반사도 등을 설정합니다.
Suppressed	선택한 Part를 해석 모델에서 제외시킬 수 있도록 설정합니다.
Stiffness Behavior	해석 모델을 강체 또는 유연체로 설정합니다.
Coordinate System	Part의 기준 좌표계를 설정합니다.
Reference Temperature	해석에서의 Part의 기준 온도 값을 설정합니다. 기본값은 환경 온도 (By environment) 값으로 설정되어 있으며 Part마다 다른 온도를 입력할 때에는 By Body로 변경 후 값을 입력합니다.
Thickness	Surface Body의 두께를 입력합니다.
Thickness Mode	두께 설정 모드를 정의합니다.
Offset Type	Surface Body의 두께 적용에 따른 Offset Type을 설정합니다. Offset Type 설정을 통해 Surface를 Middle, Top, Bottom에 각각 위치시킬 수 있습니다.
Treatment	Construction Body로 설정할 수 있습니다. Construction Body는 메쉬, 하중 조건, 또는 Solve 작업에 관여하지 않으며, 임의의 Crack 및 좌표계에 대한 형상 선택 범위로서 사용할 수 있습니다.
Assignment	Engineering Data에서 정의한 재질을 Part에 설정합니다.
Nonlinear Effects	재료 비선형 효과 적용 여부를 설정합니다.
Thermal Strain Effects	재료 열 변형 효과 적용 여부를 설정합니다.
Bounding Box	Part의 크기를 표시합니다.
Properties	Part의 체적, 질량 등을 표시합니다.
Statistics	Mesh를 생성한 후 현재 Part에 존재하는 Mesh 정보를 표시합니다.

● 단위계

Ansys Workbench에서 사용할 단위계를 설정합니다. 단위 설정 시에는 그림과 같이 Ribbon Tab에 있는 Unit 아이콘을 클릭함으로써 원하는 단위계를 선택할 수 있습니다. 단위가 변경되면 입력값들이 자동으로 단위 환산됩니다.

그림 4.46 Unit Menu를 구성하는 항목

● Suppress 기능

Ansys Workbench는 여러 Part가 조립된 모델을 해석할 때 불필요한 Part를 해석에서 제외시키는 Suppress 기능을 제공합니다. Suppress 기능을 이용하면 CAD 프로그램에서 모델을 수정하지 않아도 불필요한 Part를 해석에서 제외시킬 수 있습니다. Suppress시키는 방법은 다음과 같이 세 가지 방법이 있습니다. 이때 Suppress된 Part들을 다시 해석에 참여시키려면 Unsuppress Body를 선택합니다.

❶ Outline 창에서 원하는 단품을 선택하고 하단부의 Details of Part 창에서 Suppress 항목을 Yes로 설정하면 됩니다.

❷ Outline 창에서 Project > Model > Geometry > 원하는 Part들을 선택한 후 마우스

오른쪽 버튼을 클릭하고 Context 메뉴에서 Suppress Body를 선택하면 됩니다.

❸ Geometry Window에서 직접 Part를 선택하고 마우스 오른쪽 버튼을 클릭하고 Context 메뉴에서 Suppress Body를 클릭하면 됩니다.

그림 4.47 Suppress 기능 사용 방법

2) 재료 물성 정의

● 재료 물성

재료 물성이란 사용하는 재료의 다양한 물리적 성질을 수치적으로 나타낸 것을 총칭하는 말입니다. 신뢰도 높은 해석 결과를 얻으려면 재료에 대한 물리적 성질을 정확히 알고 올바르게 설정해주어야 합니다. Ansys Workbench는 많이 사용하는 기본적인 재료 물성을 제공하고 있으며, 물성 데이터베이스 파일은 확장자 .xml 파일 형식으로 되어 있으며 물성의 추가, 수정 등의 관리가 매우 편리합니다. Ansys Workbench에서 제공하는 물성 파일은 다음과 같은 위치에 있습니다.

C:\Program Files\Ansys Inc\v195\Addins\EngineeringData\Samples

● 재료 물성 적용

해석에 사용할 재료 물성을 정의하는 방법은 제2장에서 언급하였습니다. 개략적인 과정만 다시 살펴보겠습니다.

그림 4.48 Engineering Data 설정 방법

A. 해석에 적용할 재료가 있는 General Materials library 선택합니다.

B. "+"버튼을 클릭하여 필요한 재료들을 선택합니다.

C. Toggle 버튼을 사용하여 Data Source 창을 비활성화시킨 후 Engineering Data에서 선택한 재료를 확인합니다.

D. Engineering Data의 목록들만 해석에 적용하게 됩니다.

E. 재료 물성을 수정하거나 재질을 정의한 후에는 Refresh 기능으로 변경된 사항을 적용합니다.

F. Ansys Workbench에서 물성을 적용하려는 Part를 선택합니다.

G. Detail View에서 Assignment를 선택합니다.

H. 미리 정의한 재료를 Part에 적용합니다.

그림 4.49 해석 모델에 물성 데이터를 적용하는 방법

3) Connection 정의

Ansys Workbench는 조립품 모델의 부품 사이에 Connection을 자동 생성하며 별도의 허용 오차 값을 설정하여 이를 제어할 수 있습니다. 지원되는 Connection 종류에는 Contact, Joint, Mesh Connection, Springs, Bearings, Beam Connections, End Releases, Spot Welds가 있습니다.

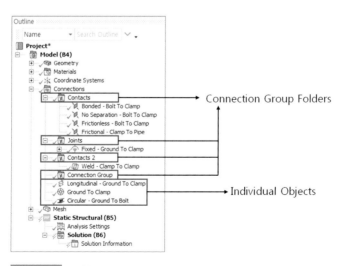

그림 4.50 지원되는 Connection 종류

Mechanical에서 Connection의 생성 방법은 다음과 같습니다.

❶ 먼저 Tree에 Connections 항목이 보이지 않을 경우 Tree의 Model 항목을 선택하여 Model 내의 Ribbon Tabs에서 Connections을 클릭하거나 또는 마우스 오른쪽 클릭하여 Connections 항목을 추가합니다.

❷ Connections 항목에서 관련 Connections 타입을 삽입합니다. (Ribbon Tabs에서 선택하거나 마우스 오른쪽 클릭하여 생성)

❸ Details View에서 원하는 연결 형식을 선택합니다.

❹ 관련 항목에 맞는 모델의 영역을 지정할 수 있으며, 해당되는 경우에 연결을 자동으로 탐색하여 생성할 수 있습니다.

❺ Connections 항목에서 마우스 오른쪽 클릭하여 Create Automatic Connections을 선택하면 자동으로 Connection을 탐색하고 생성합니다. 또한 중복으로 적용되어 있는 Contact Regions도 체크할 수 있습니다.

● Contact region

Ansys Workbench는 다음 그림과 같이 조립품 모델에 대하여 자동으로 부품과 부품 사이의 접촉을 인식하여 정의해주므로 사용이 매우 편리합니다. 이때 Mechanical 환경에서 우측 상단에 있는 Options > Mechanical > Connections 항목을 클릭하여 접촉 상태 정의에 대한 기본값을 설정할 수 있습니다.

그림 4.51 접촉 상태 정의 기본값 설정

표 4.15 | Option 창의 Connections 세부항목

항목	설명
Tolerance	자동으로 접촉 상태를 정의할 때 접촉 정의에 대한 허용 공차를 설정합니다. −100~＋100 범위에서 설정할 수 있으며, ＋100의 경우는 두 단품이 완전히 붙거나 겹쳐진 상태만 접촉으로 인식하고, −100의 경우는 두 단품 사이에 미세한 간격이 있더라도 접촉으로 인식하게 됩니다.
Face Overlap Tolerance	접촉하는 면의 겹침에 대한 공차를 설정합니다. 2개의 겹치는 면에 대해 접촉하는 쌍을 생성하기 위한 최소의 겹치는 양의 백분율을 나타냅니다.
Face/Face	면과 면 접촉의 허용 여부를 선택합니다.
Transparency	접촉이 되지 않는 파트의 투명도를 설정합니다.
Type	기본으로 적용되는 Contact 타입을 설정합니다.
Formulation	접촉 해석 시 사용되는 기본 Formulation을 설정합니다.
Shell Thickness Effect	Surface Body의 두께 효과를 고려하여 접촉 계산을 진행합니다.
Auto Rename Connection	Joint, Spring, Contact Region 등의 이름이 타입 또는 선택 범위에 따라 이름이 자동으로 변경되도록 설정합니다.

Ansys Workbench는 자동으로 접촉 상태를 정의하지만 사용자가 실제 상황에 맞도록 설정을 변경할 수 있습니다. Outline 창에서 접촉 항목을 선택하면 Graphics Windows에서 모델의 접촉 영역이 표시되므로 쉽게 접촉 영역을 확인할 수 있습니다.

그림 4.52 자동 접촉 영역 설정

항목	설명
표 4.16	**Details of Contacts 설명**
Tolerance Type	허용 오차를 Slider bar로 조절할 것인지 값으로 지정할 것인지 선택합니다.
Tolerance Slider (type에서 Slider로 선택 시)	접촉 정의에 대한 허용 오차를 설정합니다. +100의 경우는 두 Part가 완전히 붙거나 겹쳐진 상태만 접촉으로 인식하고, −100의 경우는 두 Part 사이에 미세한 간격이 있어도 접촉으로 인식하게 됩니다.
Face/Face	면과 면 접촉의 허용 여부를 선택합니다.
Connections	현재 정의된 접촉 쌍의 개수를 나타냅니다.

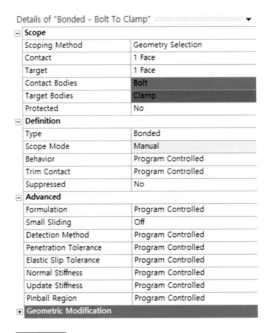

그림 4.53 Contact Region의 상세 설정

표 4.17	Details of Contact Region 설명
항목	**설명**
Scoping Method	Contact을 설정할 때 Part의 면을 직접 선택하거나 미리 정의해 놓은 Named Selection을 선택할 것인지를 정의합니다.
Contact Bodies	접촉 영역에서 해당 Part의 이름을 표시합니다.
Target Bodies	접촉 영역에서 해당 Part의 이름을 표시합니다.
Protected	접촉이 고려된 Geometry(Face, Edges & Vertices)가 Protected Topology 인지의 여부를 설정합니다. Protected Mesh Topology(Node, Element)는 Geometry와의 연관성이 향상됩니다.
Type (접촉 정의)	• Bonded : 접촉면이 떨어지지 않고 미끄러짐도 불가능(용접과 같음) • No Separation : 접촉면이 떨어지지 않고 미끄러짐만 가능 • Frictionless : 접촉면이 붙거나 떨어질 수 있고 미끄러짐도 허용 • Rough : 접촉면이 붙거나 떨어질 수 있고 접촉 후 접촉면의 마찰계수가 무한대로 적용되어 미끄러짐이 불가능 • Frictional : Frictionless와 동일하며 미끄러짐 현상에 마찰계수를 고려할 수 있음
Behavior	Contact와 Target의 침투에 대한 정의를 할 수 있습니다. Symmetric 은 Contact와 Target Surface는 서로를 침투할 수 없는 조건이며, Asymmetric/Auto Asymmetric은 Contact Surface만 Target Surface에 침투할 수 없는 조건입니다.
Suppressed	설정한 조건을 사용하지 못하게 제한합니다.
Formulation	접촉 알고리즘을 설정할 수 있습니다.
Normal Stiffness	접촉이 발생하는 Normal 방향으로의 강성 값을 적용할 수 있습니다.
Pinball Region	Body들 간 서로 접해 있지 않더라도 접촉을 고려할 수 있는 Pinball 영역 (Type, Value)을 설정할 수 있습니다.

● Joint

Joint는 Rigid Dynamics, Static, Modal, Harmonic, Random Vibration, Response Spectrum, Transient Structural 등의 구조 해석 분야에서 지원됩니다. 일반적으로 파트가 결합되는 교차 지점에 주로 사용되어 병진과 회전 자유도를 조정합니다. Joint의 종류와 더 자세한 내용은 제10장 다물체 동역학 해석에서 설명합니다.

- Mesh Connection

Ansys Workbench는 Mesh Connection을 사용하여 연결되어 있지 않은 Surface 모델을 서로 연결하여 격자를 결합할 수 있습니다. Mesh Connection은 선과 선 또는 선과 면을 연결할 수 있으며 Mesh를 생성하는 과정에서 설정한 면과 면을 서로 연결합니다. 이전에는 이와 같이 연결 과정을 진행하기 위해서는 기하학적 응용 프로그램(DesignModeler 또는 SpaceClaim)이 필요했지만 현재는 Mesh Connection을 사용하여 쉽게 격자를 연결할 수 있습니다. Mesh Connection 기능은 자동으로 Pinch Control이 적용되며 두 모서리가 Tolerance 내에 있을 때 하나의 면으로 인식시켜 격자를 생성하기 때문입니다.

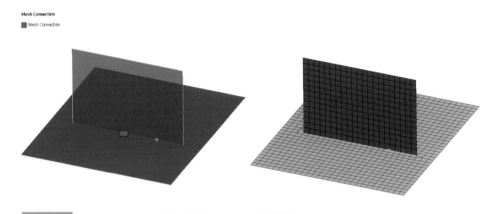

그림 4.54 Mesh Connection을 사용한 Surface 모델 연결

Mechanical에서 Mesh Connection의 사용 방법은 다음과 같습니다.

❶ Mesh Connection 기능을 사용하려면 수동 또는 자동으로 Mesh Connection Group 항목을 Connections에 추가합니다.

❷ Details View에서 Master와 Slave의 요소를 지정합니다.

❸ Master 요소는 선 또는 면으로 지정할 수 있지만 Slave는 오직 선으로만 지정이 가능합니다.

❹ Details View에서 Tolerance를 지정합니다. Tolerance를 지정하는 방법은 여러 가지가 있으며 Geometry 창에서 투명한 구 형태로 그 크기를 확인할 수 있습니다.

❺ Mesh 항목을 선택하고 마우스 오른쪽 버튼을 사용하여 격자를 생성하면 Surface 모델들이 연결된 것을 확인할 수 있습니다.

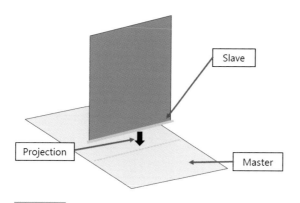

그림 4.55 Mesh Connection에서의 Master와 Slave 관계

　Snap to Boundary와 Snap Type은 선과 면을 연결할 때만 Details View에서 지정할 수 있습니다. Snap to Boundary를 yes로 설정하고(default로 yes가 설정되어 있습니다.) 설정된 Snap Tolerance 범위 내에 Slave 요소와 가장 가까운 Master 면의 가장자리가 포함되면 Slave 요소가 Master 면 위로 투영된 형태로 연결되지 않고 Master 면의 경계와 연결됩니다.

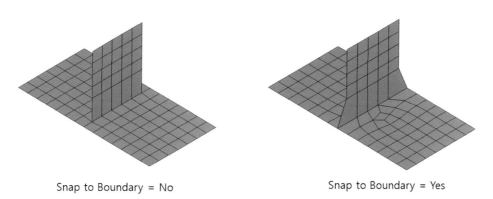

Snap to Boundary = No　　　　　　　　Snap to Boundary = Yes

그림 4.56 Snap to Boundary 설정에 따른 격자 생성 차이

4) 경계 조건 정의

경계 조건의 정의는 해석을 수행할 모델에 대해 외부에서 가해지는 물리적인 힘이나 압력, 모멘트, 고정 위치 등의 하중 조건 및 구속 조건을 설정하는 것입니다. 사용자는 해석 모델에 적용되는 하중 조건 및 구속 조건의 설정에 주의를 기울여야 하며, 실제 현상에 대한 올바른 이해를 바탕으로 설정이 되어야만 정확한 해석 결과를 얻을 수 있습니다.

● 경계 조건 설정

경계 조건을 적용하는 방법에는 두 가지가 있으며, 추가적으로 여러 가지 조건을 부여할 수 있습니다. 예를 들어 Pressure 조건을 설정하는 과정을 살펴보면 다음과 같습니다.

❶ Outline에서 해석 시스템 선택 > Environment Ribbon Tabs > Pressure를 선택하거나 Outline에서 해석 시스템 선택 > 마우스 오른쪽 버튼 > Insert > Pressure를 선택합니다.

그림 4.57 하중 조건 추가 방법

❷ Customizable Graphics Toolbar의 Selection Filters(🔧 🗁 🗁 🗁 🗁)에는 하중 조건의 종류에 따라 사용 가능한 아이콘만 활성화됩니다. 다른 속성을 선택하려면 이 중에서 변경하면 됩니다.

❸ Geometry(작업 창)에서 Pressure 하중을 부여할 면을 선택합니다. Ctrl 키를 누른 상태에서 동시에 여러 개의 면을 선택할 수 있고, Add-to Current Selection(🔲)을 이용하여 추가로 원하는 면들을 선택할 수도 있습니다. (모델 전체의 면을 선택하려면 임의의 Geometry를 선택 후 마우스 오른쪽 버튼을 클릭하고 Context menu에서 Select All 클릭)

❹ 왼쪽 하단의 Details of Pressure 창에서 Apply를 선택합니다. Apply가 활성화되어 있을 경우 반드시 Apply를 클릭해야만 선택 요소가 저장됩니다.

❺ 〈그림 4.58〉과 같이 적용 면에 Pressure의 Label과 방향이 표시됩니다. 적용 하중이 Pressure이므로 하중의 방향은 면에 수직으로 작용합니다. Force와 같은 다른 하중을 적용하였을 경우 Define By 항목에서 방향 설정 옵션을 사용할 수 있습니다.

❻ Magnitude에는 값을 입력합니다. 이때 단위에 유의해야 합니다. 단위는 Context Sensitive Ribbon Tabs의 Home > Units에서 변경합니다.

Details of "Pressure"

Scope	
Scoping Method	Geometry Selection
Geometry	Apply Cancel
Definition	
ID (Beta)	149
Type	Pressure
Define By	Normal To
Applied By	Surface Effect
☐ Magnitude	0. MPa (ramped)
Suppressed	No

그림 4.58 압력 하중 입력

● Inertial Load

Inertial Load는 관성에 영향을 받는 하중 조건이며, 재료 물성에 밀도가 반드시 입력되어 있어야 사용할 수 있습니다. 아래 표에 명시된 네 가지 Inertial Load 조건은 기본적으로 해석 환경 전체(All Bodies)에 적용되는 조건이며, Rotational Velocity와 Rotational Acceleration은 선택한 Body에도 지정할 수 있습니다.

표 4.18 Inertial Load 종류

항목	모습	설명
Acceleration		일정한 가속도를 정의하며 방향 별 성분 또는 벡터로 방향을 지정할 수 있습니다.
Standard Earth Gravity		자중에 의한 처짐을 고려할 때 사용하며, Direction 항목에서 중력의 방향을 설정할 수 있습니다.
Rotational Velocity		일정한 회전 속도를 정의합니다. 방향 별 성분 또는 벡터로 회전축을 부여하고 회전속도를 설정할 수 있습니다.
Rotational Acceleration		일정한 회전 가속도를 정의합니다. 방향 별 성분 또는 벡터로 회전축을 부여하고 회전속도를 설정할 수 있습니다.

● Supports

구속 조건은 요소 절점의 자유도를 구속하는 설정입니다. 사용자는 해석 모델의 구속 상태를 정확히 이해하고 적절한 구속 조건을 선택하여 적용해야 합니다. Ctrl 키를 누른 상태에서 여러 개의 영역을 선택하거나 또는, Add-to Current Selection을 이용하여 여러 영역을 선택한 후 동시에 적용할 수 있습니다.

표 4.19 | Support 종류

항목	모습	설명
Fixed Support		모델의 표면, 모서리, 점에 대해 적용되는 구속이며, 모든 방향에 대하여 완전 구속입니다.
Displacement Support		모델의 표면, 모서리, 점에 대하여 적용되며 X, Y, Z축 방향에 대하여 설정한 거리만큼 강제 변위(이동)를 부여 합니다. 설정값이 "0"이면 해당 축 방향에 대해 완전 고정이고, 값을 설정하지 않으면 해당 축 방향에 대해 구속 없이 자유로운 상태임을 의미합니다.
Remote Displacement		임의의 거리만큼 떨어진 곳의 강제 변위(이동, 회전)를 모델의 선택한 면에 작용하도록 합니다. (점 또는 좌표를 이용할 수 있습니다.)
Velocity		모델의 면, 선, 점에 Velocity를 적용합니다.
Frictionless Support		모델 표면에 적용하며, 선택 표면과 평행한 방향으로는 이동과 회전이 자유로우나 수직 방향으로는 고정입니다.
Compression Only Support		적용 면의 한쪽 수직 방향을 구속합니다. 압축으로는 고정되고, 인장 방향으로는 풀리게 됩니다. (비선형 해석입니다.)
Cylindrical Support		원통 면에 적용되며, 사용자는 반경 방향, 원주 방향, 축 방향의 자유도를 구속할 수 있습니다.
Simply Supported		Shell 및 Beam 모델에서 모서리와 점에만 적용되는 구속입니다. 해당 요소의 병진 자유도는 모두 고정되며, 회전은 자유롭습니다.
Fixed Rotation		Shell 및 Beam 모델에서 모서리와 점에만 적용되는 구속입니다. 해당 요소의 회전은 구속되나 병진은 자유롭습니다.
Elastic Support		하나 또는 여러 개의 면과 모서리를 스프링 거동과 일치되게 이동 또는 거동하도록 설정합니다.

● Structural Load

Structural Load는 모델의 외부에서 가해지는 물리적인 힘이나 압력, 모멘트 등의 하중
조건을 적용할 수 있습니다. Ctrl 키를 누른 상태에서 여러 개의 영역을 동시에 적용할 수
있으며, 설정한 하중의 크기가 선택 영역들에 분배되어 단위 영역당 하중이 감소합니다
(Pressure 항목은 예외).

표 4.20	Structural Load 종류	
항목	**모습**	**설명**
Pressure		모델의 표면에 대해 적용되는 압력이며, 압력의 방향은 항상 선택한 표면에 수직한 방향으로 작용합니다. 여기서 설정하는 하중의 크기는 단위 면적당 가해지는 힘으로, 표면의 면적이 커지면 전체적으로 가해지는 압력 크기도 증가하게 됩니다.
Pipe Pressure		모델의 타입이 Pipe로 설정되어 있는 Line Body에 압력을 설정할 수 있습니다.
Hydrostatic Pressure		정수압 조건으로, 물이 담겨 있는 부분에 대한 압력을 자동으로 계산하여 적용해 줍니다.
Force		모델의 면, 모서리, 점에 대해 적용할 수 있으며, 힘의 크기와 방향을 설정할 수 있습니다. 가해지는 힘이 일정한 상태에서 적용 영역이 커지는 경우, 전체 영역에 가해지는 힘은 변함이 없으나 단위 면적당 가해지는 힘은 감소합니다. 특히 한 점에 힘을 가할 때는 응력 집중이 발생하므로 주의해야 합니다.
Remote Force		임의의 거리만큼 떨어진 곳의 하중을 선택한 모델에 작용하도록 합니다. (위치는 점 또는 좌표를 이용할 수 있습니다.) 하중은 면 전체에 분포되나, 하중이 작용된 거리만큼의 모멘트 팔 증가 효과를 포함하게 됩니다.
Bearing Load		베어링 하중은 오직 실린더 면에만 적용할 수 있습니다. 투영면에 반지름 방향으로 압축력이 분포하게 되며, 완벽한 형태의 실린더 표면에만 설정할 수 있습니다.
Bolt Pretension		볼트의 조임 현상인 Pretension Load를 적용하여 해석하는 경우에 사용합니다. 실린더 면에만 적용할 수 있으며, Pretension Load (Force)로 적용하거나 Adjustment (Length)로 적용할 수 있습니다.

표 4.20	Structural Load 종류 (계속)	
항목	모습	설명
Moment		모델의 표면에 대해 적용되는 모멘트이며, 오른손법칙을 이용한 방향과 모멘트의 크기를 설정할 수 있습니다. 적용 면적이 커질 경우, 전체 면적에 가해지는 모멘트는 변함이 없으나 단위 면적당 가해지는 모멘트는 감소합니다.
Line Pressure		1개의 Edge에 힘을 나누어 적용합니다. 단위는 단위 길이당 힘입니다. (Force/Unit Length)
Thermal Condition		구조물에 온도를 부여할 수 있으며, Solid Body에만 적용 가능합니다.
Pipe Temperature		모델 타입이 Pipe로 설정되어 있는 Line Body에 온도를 설정할 수 있습니다.
Joint Load		해석에 설정된 Joint 조건들 중 구속되지 않은 자유도에 운동 조건을 부여할 수 있습니다.

- **Thermal Load**

모든 물질은 쉬지 않고 움직이는 원자나 분자로 이루어져 있습니다. 또한 분자의 진동으로 물질 내의 원자나 분자가 운동에너지를 얻게 되고 우리는 이것을 뜨겁다고 느끼게 됩니다. 이런 에너지는 더운 곳에서 차가운 곳으로 이동합니다. 이렇게 온도 차이에 의해 전달되는 에너지가 열 입니다. 열 하중에 대한 설명은 다음과 같습니다.

표 4.21	Thermal Load 종류	
항목	모습	설명
Temperature		모델의 표면, 모서리, 점에 대해 적용되며 일정한 온도를 선택 영역에 부여합니다. 다중 선택 시 선택된 모든 영역에 대하여 설정값이 각각 적용됩니다.
Convection		모델의 표면에 대해 적용되며 모델에서 주변 환경으로 전달되는 열의 대류를 설정합니다. 모델 온도가 주변 온도보다 높으면 주변으로 에너지를 빼앗기고 반대 상황이면 에너지를 얻게 됩니다. 모델 주변의 온도와 Film Coefficient를 설정할 수 있으며 선택된 모든 면에 대하여 설정값이 각각 적용됩니다.

표 4.21 Thermal Load 종류 (계속)

항목	모습	설명
Radiation		모델의 표면 사이에서 작용하는 복사 현상 또는 표면에서 외부 환경 사이에 작용하는 Ambient Radiation을 고려합니다.
Heat Flow		모델의 표면에 적용되며 선택된 표면을 통해 에너지를 공급합니다. Heat Flow는 단위 시간당 에너지로 정의합니다. 다중 표면을 선택하면 입력한 설정값이 선택된 모든 표면에 분배되어 적용됩니다. 표면의 크기와 상관없이 에너지의 값은 일정합니다.
Heat Flux		모델의 표면에 적용되며 선택된 표면을 통해 에너지를 공급합니다. Heat Flux는 단위 면적에 대한 단위 시간의 에너지로 정의합니다. 표면의 크기가 커지면 생성 에너지의 값도 증가합니다.
Perfectly Insulated		모델의 표면에 단열 조건을 적용합니다. 단열 조건인 면에 수직한 방향으로의 열 흐름이 차단됩니다. Ansys Workbench는 아무런 조건을 부여하지 않은 상태도 단열 상태로 인식합니다.
Internal Heat Generation		단품에 대해 적용되며 내부에서 열에너지를 발생시킵니다. Heat Generation은 단위 체적에 대한 단위 시간의 에너지로 정의합니다. 단품의 크기가 커지면 생성 에너지의 값도 증가하며, 선택된 모든 단품에 대하여 설정값이 각각 적용됩니다.

● Electric-Magnetostatic Load

표 4.22	Electric-Magnetostatic Load 종류	
항목	모습	설명
Voltage	Voltage	모델의 표면, 모서리, 점에 대해 전압 조건을 부여하며, $V = V_o cos(\omega t + \phi)$와 같이 설정값의 크기와 frequency, phase angle에 의해 적용됩니다. Static analysis에서 $\omega t = 0$이며, 테이블 또는 수식을 이용하여 입력할 수 있습니다.
Current	Current	모델의 표면, 모서리, 점에 대해 전류 조건을 부여하며, $I = I_o cos(\omega t + \phi)$와 같이 설정값의 크기와 frequency, phase angle에 의해 적용됩니다. Static analysis에서 $\omega t = 0$이며, 테이블과 수식을 이용하여 입력할 수 있습니다.
Magnetic Flux Parallel	Magnetic Flux Parallel	지정한 면에서 자속이 면에 평행인 방향으로 생성되는 조건입니다. 이 조건을 적용하지 않으면 모델의 외곽면을 기준으로 자속이 수직으로 자동 생성됩니다.
Source Conductor	Source Conductor	컨덕터 모델에 전류와 전압을 설정합니다. 전류는 단면에 작용하는 총 전류입니다. 전류와 전압이 부가되는 면은 Enclosure 영역 바깥에 있어야 하며, Workbench는 DC 정상상태 해석만 가능합니다.

● Conditions

표 4.23	Conditions 종류	
항목	모습	설명
Coupling	Conditions Coupling Constraint Equation Pipe Idealization Nonlinear Adaptive Region Element Birth and Death Contact Step Control Plastic Heating Viscoelastic Heating	Part Modeling 또는 Contact 조건을 적용하기 어려운 경우, 표면/모서리/점에 적용하여 서로 다른 자유도를 결합할 수 있습니다.
Constraint Equation		수식을 이용하여 해석 모델에서 나타나는 서로 다른 움직임을 구성할 수 있습니다. Remote Point가 반드시 필요하며, 수식은 선형 조합 형태로 구현 가능합니다.

표 4.23	Conditions 종류 (계속)	
항목	모습	설명
Pipe Idealization	Conditions Coupling Constraint Equation Pipe Idealization Nonlinear Adaptive Region Element Birth and Death Contact Step Control Plastic Heating Viscoelastic Heating	Pipe로 정의된 Line Body에 적용 가능하며, 곡관 형태의 Pipe가 하중을 받는 경우 고려할 때 사용합니다.
Nonlinear Adaptive Region		해석 모델에서 지정된 영역의 격자를 자동으로 재생성하는 기능입니다. 과도한 변형으로 해석 수렴이 어려운 경우 사용할 수 있는 기능입니다.
Element Birth and Death		각 해석 단계에서 요소 상태를 활성/비활성으로 변경해주는 기능입니다. 주로 채굴이나 순차적 공정과 같이 해석 모델에 요소의 추가/제거가 필요한 해석 수행 시 사용합니다.
Contact Step Control		각 해석 단계에서 Contact 영역을 활성/비활성으로 변경해주는 기능입니다.
Plastic Heating		Coupled Field Static/Transient 해석 시스템에서 사용 가능하며, 소성영역에서 발생한 일이 열로 변환되는 경우를 고려할 때 사용합니다. 소성 재료(Plasticity) 모델이 사전에 정의되어 있어야 합니다.
Viscoelastic Heating		Coupled Field Static/Transient 해석 시스템에서 사용 가능하며, 점탄성 손실 효과로 열이 발생하는 경우를 고려할 때 사용합니다. 점탄성 재료(Viscoelastic) 모델이 사전에 정의되어 있어야 합니다. (Prony Shear Relaxation, Prony Volumetric Relaxation)

● Direct FE

Direct FE는 Geometry를 이용하여 경계 조건을 설정하는 것과 같이 절점을 이용하여 경계 조건을 설정하는 기능입니다. 절점을 이용하여 직접 경계 조건을 설정하기 위해서는 먼저 절점들을 Named Selections으로 정의해야 합니다.

표 4.24 | Direct FE 종류

항목	모습	설명
Nodal Orientation	Direct FE ▾ Nodal Orientation Nodal Force Nodal Pressure Nodal Displacement Nodal Rotation EM Transducer	GUI를 통해 선택한 좌표계를 참조하여 Nodal Coordinate System을 설정합니다.
Nodal Force		MAPDL의 "F" 명령어를 사용하는 것과 동일하게 절점에 Force를 적용합니다. Force를 정의할 때 Force 모든 절점에 동일한 크기로 적용하거나 입력한 크기를 절점 수로 나누어 적용할 수 있습니다.
Nodal Pressure		절점을 포함하고 있는 요소 표면에 Pressure를 적용합니다. Solid/Surface Body에만 적용 가능합니다.
Nodal Displacement		Nodal Coordinate System을 참조하여 절점에 변위 조건을 정의합니다.
Nodal Rotation		Nodal Coordinate System을 참조하여 절점에 회전 조건을 정의합니다. 회전 자유도를 가지는 Surface/Line Body에서 사용 가능합니다.
EM(Electro-Mechanical) Transducer		Micro-Electro-Mechanical(MEMS)를 구성할 때 Transducer 조건을 정의합니다.

4.9 Solve

Solve 과정은 사용자가 설정한 격자를 생성하고, 입력한 경계 조건을 바탕으로 해석 모델에 대한 결과를 계산하는 과정입니다. 이 과정에서 생성된 격자를 바탕으로 연립 방정식을 구성하고, 사용한 해석 시스템 종류에 따라 구하고자 하는 미지수에 대한 방정식을 풀게 됩니다.

Ansys Workbench에서는 Home Tab > Solve 버튼을 클릭하여 Solve 과정을 수행할 수 있고, 이외에도 다음과 같은 방법으로 Solve를 수행할 수 있습니다.

- Outline > Solution > Context Ribbon Tab > Solve 버튼 클릭
- Outline > Solution > RMB > Solve 버튼 클릭
- 단축키 F5

그림 4.59 Solve 실행

Solve를 실행하면 Solution Status 창이 나타나며 해석의 진행 상황을 파악할 수 있습니다.

그림 4.60 Solve 진행 정도 확인

4.10 Post-Process

해석이 완료되면 Solution > Context Ribbon Tab 의 결과 항목들을 이용하여 다양한 해석 결과를 얻을 수 있습니다.

1) 결과 항목 검토
사용한 해석 시스템에 따라 확인할 수 있는 결과 항목이 서로 다르게 활성화됩니다.

● 구조 해석 결과 항목
다음은 Solution의 각 항목에 대한 설명과 해석 결과 그림입니다. 아래 그림과 같이 양 끝 단의 자유도를 모든 방향에 대해 완전히 구속하고, 선택한 면에 힘을 부여하여 구조 해석을 수행한 다음 각 항목들에 대한 해석 결과를 비교해보도록 하겠습니다.

그림 4.61 하중(Force) 입력

Stress(응력)
물체는 외부에서 힘을 받으면 외부 하중과 힘의 평형을 이룰 때까지 물체 내부에 힘(내력)이 발생하면서 변형이 일어나고 힘의 평형이 이루어지면 변형을 멈추게 됩니다. 선형 응력 해석에서는 물체의 여러 부분에서 발생하는 내력의 크기를 구하는 것이 중요합니다. 이때 단위 면적당 작용하는 힘의 크기를 응력이라고 합니다. 길이 단위가 m라면 응력의 단위는 N/m^2(Pa)입니다.

응력은 크게 수직 응력과 전단 응력으로 나누어집니다. 수직 응력은 단위 면적에 수직 방향으로 작용하는 힘을 말하며 인장 응력과 압축 응력이 있습니다. 또한 전단 응력은 단위 면적에 평행하게 작용하는 힘을 말합니다. 수직 응력과 전단 응력은 일반적인 경우 동시에 발생하게 됩니다. 다음은 Ansys Workbench에서 해석하여 결과를 확인할 수 있는 응력과 관련된 항목들입니다.

- Equivalent Stress = Von-Mises Stress(등가 응력) : 주응력이 벡터(Vector)로서 크기와 방향을 가진다면 등가 응력은 스칼라(Scalar)로서 크기만 가집니다. 복잡한 3차원 모델에서는 주응력으로 모델의 항복이나 파단을 판단하기 어렵습니다. 따라서 등가 응력을 이용하여 모델의 항복이나 파단을 판단하게 됩니다. Von-Mises 응력이라고도 하며, 하중에 대한 구조물의 안전 여부를 판단하는 데 중요한 역할을 합니다. 등가 응력의 최댓값이 재료의 항복 강도(Tensile Yield 또는 Compress Yield)보다 작으면 이 모델은 하중 조건에 대해 안전하다고 볼 수 있습니다. 그러나 등가 응력이 재료의 항복 강도(Tensile Yield 또는 Compress Yield)보다 크면 소성 변형이 발생하게 됩니다.

그림 4.62 | Equivalent Stress 결과

- Principal Stress(주응력)-Maximum, Middle, Minimum Principal : 주응력은 전단 응력이 0이 되는 평면에서 수직 방향으로 작용하는 응력입니다. 수직 응력이 최대와 최소가 되는 면을 찾고 그때의 응력을 구한 것입니다. 일반적으로 모델이 외부의 힘을 받을 때 주응력 방향으로 파단이 발생하기 때문에 파단의 직접적인 원인이 된다고 볼 수 있습니다. 주응력은 Mohr Circle을 이용하여 그 크기와 방향을 구할 수 있고, 주응력 값이 (−)인 경우 압축으로 작용하며, (+)인 경우는 인장으로 작용합니다.

그림 4.63 Principal Stress 결과

- Maximum Shear Stress(최대 전단 응력) : 전단 응력 중 최댓값을 의미합니다. 모델은 주로 주응력에 의해 파단되지만 전단 응력에 의해 파단되는 경우도 있습니다. 최대 전단 응력은 Mohr Circle을 이용하여 쉽게 구할 수 있고, 안전 계수를 판단하는 기준으로 사용되기도 합니다.

그림 4.64 Maximum Shear Stress 결과

- Stress Intensity(응력 강도) : 각 주응력 값의 차이의 절댓값 중에서 가장 큰 값을 의미합니다. 피로 해석 시에 사용되며, ASME Code에서는 이 값을 파손의 기준으로 사용합니다.

그림 4.65 Stress Intensity 결과

• Normal Stress(수직 응력) : 단위 면적에 대해 수직 방향으로 작용하는 힘을 수직 응력이라고 하는데, 인장 응력과 압축 응력이 있습니다. 응력 값이 (−)인 경우 압축으로 작용하며, (+)인 경우는 인장으로 작용합니다. 수직 응력은 Details View 창에서 Orientation 항목을 원하는 좌표축으로 선택하여 결과를 확인할 수 있습니다.

그림 4.66 Normal Stress 결과

• Shear Stress(전단 응력) : 단위 면적에 대해 작용하는 전단력을 전단 응력이라고 하며 여기서 전단력은 단면에 평행한 방향으로 작용하는 내력입니다. 전단 응력은 Details View 창에서 Orientation 항목을 원하는 좌표면을 선택하여 확인할 수 있습니다.

A: Static Structural
Shear Stress
Type: Shear Stress(XY Plane)
Unit: MPa
Global Coordinate System
Time: 1

1.3316 Max
1.0357
0.73976
0.44386
0.14795
-0.14795
-0.44386
-0.73976
-1.0357
-1.3316 Min

그림 4.67 Shear Stress 결과

Strain(변형률)

고체 형태의 물체는 외부의 구조 하중이나 열 하중에 의해 변형이 이루어집니다. 이때 외부의 하중에 의해 발생한 변형 비율을 변형률이라고 합니다[변형률＝(변형 후 크기－변형 전 크기)/변형 전 크기)].

● Equivalent Strain＝Von Mises Strain(등가 변형률)

A: Static Structural
Equivalent Elastic Strain
Type: Equivalent Elastic Strain
Unit: mm/mm
Time: 1

3.4593e-5 Max
3.0756e-5
2.692e-5
2.3083e-5
1.9246e-5
1.541e-5
1.1573e-5
7.7366e-6
3.9e-6
6.3398e-8 Min

그림 4.68 Equivalent Elastic Strain 결과

● Principal Strain(주변형률)−Maximum, Middle, Minimum Principal : 3차원 방정식에 의해 각 변형률 요소를 계산하여 나온 값입니다. 주변형률이 최대, 중간, 최소가 되는 값을 찾고 그때의 변형률을 구한 것입니다.

그림 4.69 Principal Strain 결과

- Maximum Shear Strain(최대 전단 변형률)

그림 4.70 Maximum Shear Elastic Strain 결과

- Strain Intensity(변형률 강도) : 각 변형률 요소값 차이의 절댓값 중에서 최댓값을 구합니다.

그림 4.71 Elastic Strain Intensity 결과

● Normal Strain(수직 변형률) : 각 축 방향으로의 수직 변형률입니다.

그림 4.72 Normal Elastic Strain 결과

● Shear Strain(전단 변형률) : 각 단면에서 단면과 평행한 방향으로의 전단 변형률입니다.

그림 4.73 Shear Elastic Strain 결과

● Thermal Strain(열 변형률) : 물체에 작용하는 외부의 하중이 열(온도)일 경우, 열에 의해 발생하는 변형률입니다. 따라서 이 결과 항목을 확인하려면 반드시 열 하중 조건이 설정되어 있어야만 합니다.

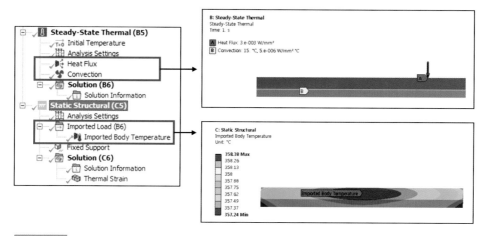

그림 4.74 열하중 경계조건 설정의 예

그림 4.75 Thermal Strain 결과

- Equivalent Plastic Strain(등가 소성 변형률) : 소성 변형률은 재료 비선형 해석을 수행해
  야만 결과로 나타낼 수 있습니다. 소성 변형률이 발생하면 제품은 영구 변형이 발생하
  게 되고 잔류 응력이 남게 됩니다.

그림 4.76 Equivalent Plastic Strain 결과

Deformation(변형량)

구조물에 힘을 가하면 변형이 발생합니다. 이때 발생한 변형의 크기를 변형량(Deformation)이라고 합니다. 변형량은 각각의 축 방향으로도 확인할 수 있고, 각 방향별로 발생한 크기를 하나로 합하여 전체 변형량을 확인할 수도 있습니다. 각각의 축 방향에 대해 변형량은 Directional Deformation을 통해 나타낼 수 있고, 방향별로 발생한 크기를 합한 전체 변형량은 Total Deformation을 이용하여 나타낼 수 있습니다. 아래 그림은 앞의 열 변형률 항목을 경계 조건으로 설정하여 해석한 결과의 Total Deformation입니다.

그림 4.77 Total Deformation 결과

Stress Tool

Ansys Workbench에서는 Stress Tool의 안전 계수(Safety Factor)를 이용하여 구조물의 소성이나 파손 여부를 보다 쉽게 판단할 수 있습니다. "제2장의 재료 물성치 세부 항목 설정"에서 설명한 것과 같이 모든 재료는 재료 고유의 물성치를 가지고 있으며, Stress Tool에서는 재료의 항복 강도(Yield Strength) 또는 극한 강도(Ultimate Strength)를 기반으로 안전 계수를 출력해줍니다. 항복 강도나 극한 강도는 실험을 통해 구할 수 있는 값입니다.

구조물에서 발생하는 응력을 확인하는 목적은 실험을 통해 얻어진 재료의 항복 강도와 해석을 통해 계산된 응력을 비교하여 제품의 소성이나 파손 여부를 알아보는 데 있습니다. 안전 계수(Safety Factor)의 값은 1보다 커야 안전하며, 1 이하인 경우는 소성 변형 또는 파손이 일어난다고 봅니다. 안전 계수는 연성 재질과 취성 재질에 대해 각각 다른 방법을 사용하여 확인하게 됩니다.

표 4.25	연성 재질과 취성 재질의 안전 계수 산출 기준 설명
구분	설명
연성 재질 (Ductile Materials)	철, 알루미늄, 연강과 같은 재료를 당겨보면 어느 정도 늘어난 후에 파손이 일어나게 됩니다. 〈그림 4.78〉의 좌측 선도와 같이 A지점에서 소성이 일어난 후, 비교적 긴 소성 구간을 지나 파손이 일어나는 재질을 연성 재질이라고 합니다. [연성 재질의 안전 계수 확인 Tool] Maxium Equivalent stress Tool(최대 등가 응력 Tool) Maximum Shear stress Tool(최대 전단 응력 Tool)
취성 재질 (Brittle Materials)	공구강이나 콘크리트, 유리와 같은 재질은 보통 항복점을 초과하면 거의 변형 없이 바로 파손이 일어납니다. [취성 재질의 안전 계수 확인 Tool] Mohr-coulomb Stress Tool(Mohr-coulomb 응력 Tool) Maximum Tensile Stress Tool(최대 인장 응력 Tool)

그림 4.78 재료에 따른 응력-변형률 선도

Stress Tool은 Solution > Context Ribbon Tab > Toolbox > Stress Tool을 클릭하여 결과 항목에 추가할 수 있습니다. Stress Tool의 Details View 창에서 〈그림 4.79〉과 같이 "이론(Theory)" 또는 "응력 한도 종류(Stress Limit Type)"의 설정을 쉽게 바꿀 수 있습니다.

그림 4.79 Stress Tool에서의 "이론(Theory)" 및 "응력 한도(Stress Limit Type)" 종류 설정

- Maximum Equivalent Stress(최대 등가 응력) Theory : Von-Mises 또는 최대 비틀림 에너지 이론이라고 합니다. 등가 응력이 항복 강도에 이르렀을 때 항복이 일어나고 소성 변형이 시작됩니다. Tresca 이론에서 실제와 잘 안 맞는 부분이 있어 Von-Mises가 새로운 식을 만들어 적용하기 시작하였습니다. 연성 재질의 해석에 적합하며 안전 계수 값이 1 이하인 경우에 파손이 일어난다고 봅니다. 안전 여유(Safety Margin)은 안전 계수(Safety Factor)에서 1을 뺀 값이며, 무차원 응력(Non-Dimensional Stress)값은 안전 계수의 역수입니다.

최대 등가 응력 안전 계수 = 인장 항복 강도/최대 등가 응력

- Maximum Shear Stress(최대 전단 응력) Theory : 최대 전단 응력 이론 또는 Tresca 이론이라고 합니다. 재료의 최대 전단 응력 중 어느 하나의 절댓값이 특정 값에 이르렀을 때 항복 또는 파손이 일어난다고 가정합니다. 이것을 식으로 만들고 그래프를 이용하여 적용한 Stress Tool입니다. 연성 재질의 해석에 적합하며 안전 계수 값이 1 이하인 경우에 파손이 일어난다고 봅니다. 안전 여유는 안전 계수에서 1을 뺀 값이며, 무차원 응력 값은 안전 계수의 역수입니다.

최대 전단 응력 안전 계수 = 인장 항복 강도/최대 전단 응력

- Mohr-Coulomb Stress Theory : 연성 재질은 보통 인장 항복 강도와 압축 항복 강도가 같게 나옵니다. 그러나 취성 재질은 인장 항복 강도와 압축 항복 강도가 서로 다릅니다. 유리나 콘크리트를 보면 압축에는 강하지만 인장에는 약한 것을 볼 수 있습니다. 이런 이유로 취성 재질의 안전 계수 확인에는 Mohr-Coulomb Stress Tool을 사용하며, 안전 계수 값이 1 이하인 경우에 파손이 일어난다고 봅니다.

Mohr-Coulomb 안전 계수 =
(인장 항복 강도/주인장 응력) + (압축 항복 강도/주압축 응력)

- Maximum Tensile Stress(최대 인장 응력) Theory : 취성 재질은 일반적으로 인장 항복 강도가 약하므로 최대 인장 Stress Tool을 사용합니다. 안전 계수 값이 1 이하인 경우에 파손이 일어난다고 봅니다. 안전 여유는 안전 계수에서 1을 뺀 값이며, 무차원 응력 값은 안전 계수의 역수입니다.

최대 인장 응력 안전 계수 = 인장 항복 강도/최대 인장 응력

● **열 전달 해석 결과 항목**

하중 조건으로 열이 가해졌을 때 해석 모델에 나타나는 온도 분포(Temperature)와 열 유속(Heat Flux) 등 온도에 관한 영향력을 분석하는 항목들입니다. 온도에 따라서 재료의 물성치가 변화하는 모델의 해석도 가능합니다. 다음 그림은 각 항목에 대한 해석 조건을 나타냅니다.

그림 4.80 상단면 온도 고정 및 측면 대류 조건 설정

Temperature(온도)

해석 조건에 따른 모델의 전체 온도 분포를 확인할 수 있습니다.

그림 4.81 Temperature 결과

Total Heat Flux(전체 열 유속)

Heat Flux는 단위 면적에 대한 단위 시간의 열에너지로서 해석 조건에 따른 전체 Heat Flux 분포를 확인할 수 있습니다.

그림 4.82 Heat Flux 결과

Directional Heat Flux(방향별 열 유속)

Heat Flux는 방향성이 있으며, 각 축 방향으로 Heat Flux 분포를 확인할 수 있습니다.

그림 4.83 X방향의 Heat Flux 결과

그림 4.84 Y방향의 Heat Flux 결과

그림 4.85 Z방향의 Heat Flux 결과

2) 결과 출력 기능

Ansys Workbench에서는 해석 결과를 다양한 형태로 확인할 수 있습니다. Graphic Window를 통해 결과값을 그래픽 화면으로 확인할 수 있고 동영상과 다양한 Contour 형태로 볼 수도 있습니다. Solve 후 결과 항목을 선택하면 상단의 Context Ribbon Tab은 다양한 형태로 결과를 검토할 수 있는 도구들로 자동 변경됩니다.

Ansys Workbench

그림 4.86 결과 검토를 위한 Context Ribbon Tab

● **Geometry 설정**

Geometry 설정에서는 〈그림 4.87〉의 아이콘을 이용하여 결과를 검토할 수 있습니다.

그림 4.87 해석 결과에 대한 Geometry 설정

❶ Exterior : 선택한 Geometry 외관 표시(기본값)
❷ IsoSurfaces : Legend에 표시되어 있는 동일한 결과값을 갖는 영역을 평면 형태로 표시
❸ Capped IsoSurfaces : 사용자가 지정한 범위의 결과값을 갖는 영역을 표시
❹ Slice Planes : 절단면 표시

그림 4.88 결과에 대한 Geometry 설정

● Contour 형태 설정

Contour 형태 설정에서는 〈그림 4.89〉의 아이콘을 이용하여 Contour 형태를 변경할 수 있습니다.

그림 4.89 Contour 형태 설정

❶ Smooth Contours : Contour 색상 구분을 부드럽게 표시하기

❷ Contour Bands : Contour 색상 구분을 명확하게 표시하기

❸ Isolines : 등고선 형태로 표시하기

❹ Solid Fill : 단색으로 표시하기

그림 4.90 Contour 형태 설정

● **Edge 형태 설정**

Edge 형태 설정에서는 〈그림 4.91〉의 아이콘을 이용하여 변형 전 형상, 격자 형상과 함께 해석 결과를 볼 수 있습니다.

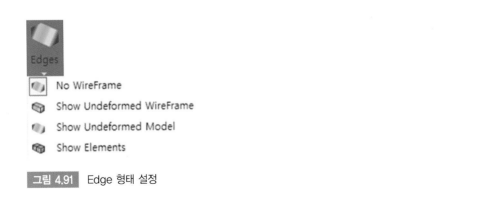

그림 4.91 Edge 형태 설정

그림 4.92 변형 전 형상 및 요소 형상 함께 보기 설정

● Scale 설정

〈그림 4.93〉의 왼쪽과 같이 해석 모델의 변형 정도를 설정할 수 있습니다. 기본은 Auto Scale로 되어 있으며, 변형이 매우 큰 것처럼 보이나, True Scale을 선택하면 실제 변형이

그림 4.93 Scale 설정

발생한 크기, 즉 Graphics 창 왼쪽의 Legend에 표시된 값만큼 변형된 형태로 보입니다.

● Probe 기능

특정 영역의 해석 결과를 수치로 확인하고자 할 경우 Result 탭의 Probe 버튼을 클릭하고 마우스 왼쪽 버튼으로 영역을 선택하면 가장 인접한 절점에서의 결과들을 보간하여 Graphic상에서 직접 수치로 보여주는 쿼리(Query) 기능입니다. 생성된 Probe는 Table 형태로 수치와 좌표를 함께 확인할 수 있으며, Label 버튼을 이용하거나 Table에서 마우스 우클릭하여 Delete를 선택하면 생성된 Probe를 삭제할 수 있습니다. 또한 Export Text File을 선택하면 Probe를 텍스트 파일로 저장할 수 있습니다. Annotation을 이용하면 원하는 위치에 문자를 남겨 놓을 수 있습니다.

그림 4.94 Probe 설정

● Animation 기능

해석 결과에 따른 변형 상태를 동영상으로 볼 수 있습니다. Graphics 창 밑에서 Animation 탭을 선택하여 동영상을 실행하거나 저장(*.mp4, *.wmv, *.avi, *.gif)할 수 있습니다. 또한 animation의 프레임 개수나 속도를 사용자가 원하는 정도로 조절(양의 정수)할 수 있습니다. 'Zoom to Fit Animation' 아이콘은 Deformation Scale Factor값이 0과 1을 제외 시 활성화가 되며, 적용할 경우 모든 Time step에 알맞는 Scale을 자동으로 계산 후 animation을 생성하게 됩니다. 'Update Contour Range at Each Animation Frame' 아이콘은 각 프레임마다 Contour Range를 update하여 animation에 반영합니다. 'Animation with Attached Camera' 아이콘은 강체 Body가 있는 경우에만 사용 가능하며, 선택된 Body를 기준으로 잡고 고정한 다음 나머지 Body가 움직이는 장면을 연출(결과값은 변하지 않음)합니다.

그림 4.95 Animation 설정 창

● Legend 편집 기능

Ansys Workbench는 해석 결과값의 영역별로 동일 색을 이용하여 모델상에 표시해줍니다. 뿐만 아니라 사용자가 해석 결과값의 표시 영역을 원하는 대로 설정할 수도 있습니다. 결과값을 색상 별로 보여주는 Legend를 선택하여 각 구간의 범위 및 단계를 설정할 수 있으며, 값을 더블 클릭하여 원하는 수치를 입력하여 수치를 변경할 수 있습니다. 단, 최댓값은 해석 결과값보다 작게는 변경이 안 되며 최솟값은 해석에서 계산된 값보다 크게는 변경할 수 없습니다. 〈그림 4.96〉은 Contour에서 마우스 오른쪽 버튼을 클릭할 경우 선택할 수 있는 옵션입니다.

그림 4.96 Contour 설정 변경

그림 4.97 Contour 설정 변경

● **Section plane**

필요에 따라서 Solid 모델 내부의 해석 결과값을 확인해야 할 때가 있습니다. Ansys Workbench는 Section Plane을 이용하여 마우스로 절단면을 지정하고, 그 절단면 내부의 해석 결과값을 쉽게 확인할 수 있습니다.

❶ New Section Plane(A) : 슬라이스 면을 추가합니다. 마우스 왼쪽 버튼을 클릭한 채 드래그를 하면 드래그된 라인이 슬라이스 면의 경로가 됩니다.

❷ Edit Section Plane(B) : 미리 생성된 슬라이스 면의 경로를 편집 및 수정할 수 있습니다.

❸ Rename Section Plane(C) : 생성된 슬라이스 면의 이름을 편집할 수 있습니다.

174

그림 4.98 Section Plane 상세 창

❹ Delete Section Plane(D) : 이미 만들어진 슬라이스 면을 삭제할 수 있습니다. 단면을 선택한 다음 Delete 키를 누르는 경우에도 동일한 작업이 이루어집니다.

❺ Show Whole Elements(E) : 슬라이스된 면의 격자를 함께 보여줍니다.

❻ Show Capping Faces(F) : 슬라이스된 단면을 출력하거나 출력하지 않게 해줍니다.

❼ Show Capping Faces by Body Color(G) : 슬라이스된 면의 색을 Body 색 또는 빨간 색으로 보여줍니다.

Outline의 모든 항목에서의 단면을 확인할 수 있으며, 각 항목에서 Section Plane을 삽입하면 됩니다.

그림 4.99 Section Plane 설정 방법

또한 Coordinate Systems을 통해서 Section Plane을 생성할 수 있습니다. 좌표계를 선택한 후 마우스 오른쪽 버튼을 클릭하고 Create Section Plane을 선택하면, 선택한 좌표계의 XY평면이 Section Plane으로 추가됩니다. 따라서 사용자가 원하는 Section Plane이 XY평면으로 설정되어 있는 좌표계를 미리 만든 후에 사용하는 것이 편리합니다.

● Graphics

Vector 출력은 방향 별 변형량, 주응력/변형률, Heat flux와 같이 방향 성분을 갖는 결과를 검토하는 데 유리합니다.

그림 4.100 Vector Plot을 위한 Context Toolbar

● Viewports

전체 화면을 최대 4개의 창으로 나누어 각 창에 다른 해석 결과를 설정하고, 이를 전체 화면에서 동시에 확인할 수 있습니다.

그림 4.101 View Ports

● FE Connections

Solution Information으로 다양한 FE Connections를 Graphics 창에서 확인할 수 있습니다. Solution Information의 상세 설정 창에서 그래픽 창에 출력하고자 하는 타입 선택, 각 유형의 Connector와 Line의 두께, 통일된 선택 색상 설정, 출력되는 형식을 변경하는 등의 다양한 출력 방법을 설정할 수 있습니다. 사용자는 아래의 항목들을 확인할 수 있습니다.

그림 4.102 FE Connections

❶ Constraint Equations : 〈그림 4.102〉에서 빨간색 영역
❷ Beam(Connection Beam) : 〈그림 4.102〉에서 초록색 영역
❸ Springs(Week Spring) : 〈그림 4.102〉에서 파란색 영역

결과를 검토하는 과정에서 Connector도 동시에 보이도록 설정할 수 있습니다.

3) 결과 Scoping 기능

Ansys Workbench에서는 전체 모델뿐만 아니라 Scoping 기능을 이용하여 관심 영역(조립품, 단품, 면, 선, 절점)에 대한 결과만을 Plot하여 검토할 수 있습니다. 또한 Construction Geometry 기능을 이용하여 특정 평면, 경로에 대한 결과를 검토할 수 있습니다.

● Geometry Selection

결과 항목 선택 후 Detail View > Scope > Geometry 항목을 원하는 대상(조립품, 단품, 면, 선, 절점)으로 변경합니다.

● Nodal Scoping

결과 항목 선택 후 Detail View > Scope > Geometry 항목을 원하는 대상(절점)으로 변경합니다. Named Selection 기능으로 선택된 절점들을 하나의 그룹으로 생성하고 생성된

Named Selection을 참조하여 결과를 출력할 수 있습니다. 절점을 선택할 때 요소의 표면 위에 있는 절점을 모두 선택하면 요소 표면 위에도 결과가 출력되지만 요소 표면의 전체 절점이 선택되지 않으면 절점에만 결과가 출력됩니다.

● **Construction Geometry**

Geometry Selection은 모델의 형상에 국한되어 결과를 출력하게 되지만, Construction Geometry는 모델의 관심 대상에 임의의 영역 또는 경로를 생성하여 결과를 검토할 수 있습니다. 〈그림 4.103〉과 같이 Outline에서 Model(A)을 선택하면 Model Ribbon Tab에 Construction Geometry(B)가 표시됩니다. Construction Geometry 중 추가하고자 하는 Type을 선택하면 Outline에 Construction Geometry(C) 항목과 선택했던 Construction Geometry type이 생성됩니다.

그림 4.103 Construction Geometry를 이용한 Path, Surface 설정

❶ Path : Path는 다음과 같이 세 가지 방법으로 생성할 수 있습니다.

• 시작점과 끝점을 지정

- 좌표계의 X축 기준
- 특정 모서리 선택

예를 들어 그림과 같이 시작점과 끝점을 지정하여 Path를 생성하는 경우에는 Start Location(F)와 End Location(G)을 특정할 수 있는 참조 Geometry(모서리가 곡선일 경우 중심포인트는 곡선의 중심지점이 되며, 곡선 위에 위치한 지점을 선택하고자 한다면 격자를 생성한 후 원하는 지점에 근접한 Node를 선택)를 선택하여 중심포인트로 정의를 하거나 직접 점의 X, Y, Z의 위치 값을 입력하여 정의할 수 있습니다. 참조 Geometry로 선택 가능한 개체는 점(Vertex), 모서리(Edge), 면(Face), 노드(Node) 입니다.

(Note : 모서리가 곡선일 경우 중심포인트는 곡선의 중심지점이 되며, 곡선 위에 위치한 지점을 선택하고자 한다면 격자를 생성한 후 원하는 지점에 근접한 Node를 선택)

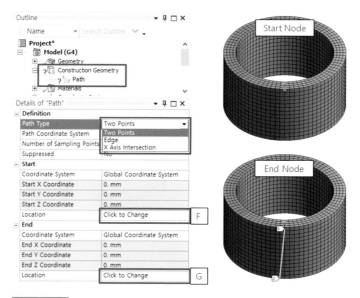

그림 4.104 Construction Geometry를 이용한 Path 정의 방법

이때 생성된 Path를 따라 생성된 점으로부터 결과가 출력되는데 조밀한 결과를 출력하기 위해서는 "Number of Sampling Points"에 출력값 개수를 증가시키면 됩니다. "Number of Sampling Points"은 정의한 Path 상세 창의 Definition 항목에서 확인할 수 있으며, 결과 출력 시 Path 상세에서 설정된 출력 개수만큼 Tabular Data에 표기됩니다. 결과는 〈그림 4.105〉와 같이 마우스 오른쪽 버튼을 클릭하여 Export하면 엑셀 데이터로 저장이 가능합니다.

그림 4.105 Construction Geometry를 이용한 Path 결과

❷ Surface

Surface는 좌표계의 XY평면을 기준으로 위치가 적용되므로 사용자가 원하는 위치(평면)에 Surface를 생성하려면 먼저 좌표계를 새로 생성해야 합니다. 원하는 위치(평면)에 맞는 좌표계를 생성한 후 Surface의 Coordinate System 항목(H)에서 생성한 좌표계를 선택합니다. 확인하고자 하는 단면이 XY 평면으로 위치할 수 있도록 좌표계를 생성해야 하며 출력되는 결과의 수는 격자의 개수와 동일하므로 조밀한 결과 출력을 위해서는 평면이 위치하는 지점의 격자를 조밀하게 생성해야 합니다.

그림 4.106 Construction Geometry를 이용한 Surface 정의 방법

이렇게 생성된 Construction Geometry는 결과 항목을 선택한 후 Scope에서 지정하여 출력할 수 있습니다.

❸ Solid

Solid는 현재 모델에 추가적으로 Solid Part를 생성하고 추가하는 기능입니다. 임의의 좌표를 기준으로 육면체 box 형상만 가능하며, 생성된 Solid Part는 Geometry 항목에 Volume으로 업데이트하거나 제거할 수 있습니다.

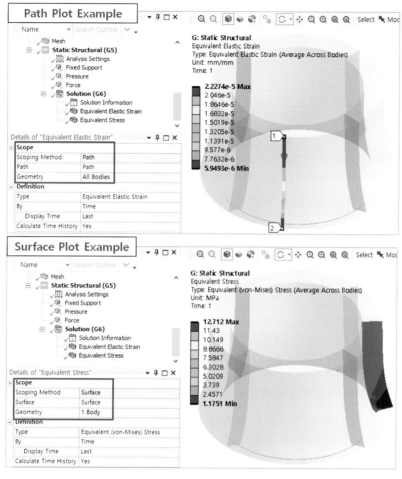

그림 4.107 Construction Geometry를 이용한 Path, Surface 결과 확인

❹ STL

STL 옵션을 사용하면 Mechanical에서 STL(Stereolithography) 파일을 가져오고 볼 수 있습니다.

4) Linearized Stresses

Linearized Stresses는 특정 Path를 따라 Membrane, Bending, Peak, 그리고 Total Stress를 계산하여 출력하며 Path는 미리 생성되어 있어야 적용이 가능합니다. Membrane, Bending, Membrane+Bending, Peak, Total Stress는 Detail View에서 확인하실 수 있으며 Graph와 Tabular Data에서 Path의 길이에 따른 결과도 확인하실 수 있습니다.

Graph와 Tabular Data에서 Path의 길이에 따른 결과 확인

5) User Defined Result

사용자는 결과 항목들을 수식적으로 조합하여 임의의 결과를 출력할 수 있습니다. 결과 항목의 Expression은 Outline에서 Solution을 선택한 후 Worksheet를 보게 되면(Home 탭의 Worksheet 아이콘 클릭, 그림 4.109 참조) 결과로 출력할 수 있는 항목들이 나열되

Worksheet에서의 결과 항목에 대한 Expression 목록

며 해당 항목의 Expression도 함께 확인할 수 있습니다. 또한 수식적 조합을 거치지 않고 Create User Defined Result를 선택하여 결과 항목을 바로 출력할 수 있습니다.

〈그림 4.110〉과 같이 "User Defined Result"를 사용하여 특정 함수 계산을 통해 결과값을 출력할 수 있습니다. Identifier에 특정 이름을 지정하여 다른 "User Defined Result"에서 이를 참조하여 계산할 수도 있습니다.

그림 4.110 Worksheet에서의 결과 항목 사용 방법

6) 보고서 생성 기능

● Report 생성

해석을 수행한 후 해석 결과에 대한 내용을 보고서로 간단히 작성할 때 유용한 기능입니다. 사용자의 편의를 위하여 Ansys Workbench에서는 해석 보고서를 자동으로 생성할 수 있으며 보고서는 html, *.ppt, *.docx 문서 형태로 저장할 수 있습니다. 또한 보고서는 해석 모델, 해석 조건, 해석 결과와 관련된 그림들을 포함하고 있습니다.

보고서에 그림과 주석을 추가하려면 대상 항목을 선택하고 Figure나 Comment를 삽입하면 됩니다. Comment는 화면 하단 입력란에서 작성할 수 있으며, 입력을 마친 후 Report Preview 창 내의 Generate 아이콘(A)을 클릭하면 보고서가 자동으로 재작성됩니다.

그림 4.111 Report Preview를 이용한 보고서 작성

● Report 출력

보고서 생성 이후, Report Preview 창 내의 도구 상자는 다음과 같으며, 각 메뉴의 기능은 다음 표를 참조하시기 바랍니다.

그림 4.112 Report Preview를 이용한 결과 보고서 저장 및 출력

표 4.26	Report Preview 탭을 이용한 결과 보고서 출력 및 저장 항목
항목	설명
Generate	수정된 사항을 반영하여 다시 Report를 생성합니다.
Send to	Outlook이 설치된 경우 Report를 메일로 보냅니다. MS Word/Power Point에서 열고 저장합니다. 편집 및 수정이 가능합니다.
Print	현재 생성된 보고서를 프린터로 인쇄합니다.
Publish	보고서를 html 파일로 이미지 파일들과 함께 저장합니다.
Font Size	현재 그래픽 창에 보이는 텍스트를 전체 또는 부분적으로 폰트 크기를 바꿀 수 있습니다.

Ansys Workbench에서 보고서를 생성해주는 Source 파일들은 아래의 경로에 있습니다. ASP 파일들로 구성되어 있으며, 이 파일들을 수정하면 사용자의 회사 양식에 맞게 보고서를 자동으로 생성시킬 수도 있습니다. 잘못될 경우를 대비하여 미리 백업을 해두고 수정하시기 바랍니다.

Source 위치 : Program Files > Ansys Inc > v195 > aisol > DesignSpace > DSPages > Language > en-us

4.11 수렴 기능

1) 수렴 기능의 필요성

유한요소해석은 기본적으로 몇 가지 가정하에 해석을 수행하는 것이므로 오차가 생기게 됩니다. 먼저 유한요소해석의 기본적인 가정과 이에 따른 문제점은 다음과 같습니다.

❶ CAD 모델을 유한요소 모델로 생성할 때 해석에 불필요한 부분은 모델링에서 제외하는 경우가 있습니다. 예를 들면, 실제 모델의 표면 가공 모양이나 미세한 돌기, 구멍 등입니다. 이로 인해 실제와 달라지게 되므로 오차가 발생합니다.

❷ 유한요소 모델은 100% 균일한 밀도와 재질인 반면, 실제 모델은 재료 내부에 불순물이나 미세한 기포가 포함되어 있을 수 있으므로 오차가 발생합니다.

❸ 컴퓨터가 계산할 때 소수점 몇 자리 이하는 버림으로써 오차가 발생합니다.

❹ 유한요소해석은 연속체를 불연속적인 유한 개의 요소로 분할합니다. 여기에서 발생하는 오차입니다.

위와 같은 가정 때문에 해석 결과와 실제 실험값이 오차를 보일 수 있습니다. 따라서 사용자는 유한요소해석의 결과를 반드시 실제적인 실험 결과와 비교하여 평가해야만 합니다.

위의 내용 중에서 유한요소법의 오차는 요소 분할에 의한 오차이므로 요소를 더 많이 나누면 나눌수록 오차가 줄어들게 됩니다. 다시 말하면 실제 무한 개의 요소를 가지는 모델을 유한 개의 요소를 가지는 유한요소 모델로 바꾸어 해석하는 것이므로 유한 개의 요소라도 요소의 수가 많을수록 실제 해와 유사해지게 된다는 것입니다.

요소의 수를 적게 하면 해석 시간은 빠르지만 해석 결과에 대한 신뢰성은 떨어집니다. 그러나 요소의 수가 많아질수록 그에 따른 해석 시간, 시스템 메모리, 하드디스크의 요구량이 증가하게 되므로 정확한 해를 얻기 위해 요소의 수를 한없이 늘릴 수는 없습니다. 이런 문제를 해결하기 위해 Ansys Workbench에서는 Adaptive Mesh Refinement 기법 [수렴(Convergence) 기능]을 사용합니다.

Adaptive Mesh Refinement 기법은 미리 정의한 정확도의 해를 얻기 위해 현재의 유한요소해석 결과를 이용하여 오차 평가를 수행하고, 여기서 오차가 큰 영역을 찾아내어 그 영역의 요소 수를 증가시켜 재해석을 수행하는 과정을 반복함으로써 최적의 격자를 구성하여 해석의 정확도를 높여 가는 방법입니다. 이 방법을 사용하면 일반적으로 응력이 집중되는 부위의 요소만을 집중적으로 세분화하여 해석하므로 해석 시간과 하드웨어의 요구량을 크게 늘리지 않으면서도 정확한 해석을 수행할 수 있습니다.

Ansys Workbench가 수렴 기능을 수행하는 순서는 다음과 같습니다.

그림 4.113 Convergence를 이용한 수렴 기능

2) 수렴 기능의 사용 방법

Solution에 결과로 보고 싶은 항목을 삽입한 후 마우스 오른쪽 버튼으로 Insert > Convergence를 선택합니다(Solution의 결과 항목 아래로 Convergence가 삽입).

그림 4.114 Convergence 설정 방법

Convergence의 Details of Convergence 탭에서 수렴값의 허용 변화율을 설정합니다.

그림 4.115 Convergence 수렴값 및 허용 변화율 설정

왼쪽 Outline 창에서 Solution 항목을 선택합니다. 아래 Details of Solution에서 Max Refinement Loops 항목을 설정합니다. 이는 수정 해석 반복 횟수를 지정하는 항목으로 1~10까지 설정할 수 있습니다. Refinement Depth는 반복 해석이 진행되는 동안 생성되는 격자의 비율을 1~3(1/2~1/8)까지 설정할 수 있습니다.

그림 4.116 Convergence 반복 해석 횟수 설정

정의된 변화율 내에서 수렴되지 않으면 붉은색 느낌표가, 수렴이 되면 초록색 체크 표시가 보입니다.

해석이 종료된 후 Mesh 재생성이 된 영역을 확인할 수 있고(결과 항목 선택 후 Show Element를 선택하여 봄), Convergence 항목을 선택하면 각 반복 단계에서의 적정 요소 수, 변화율을 확인할 수 있습니다.

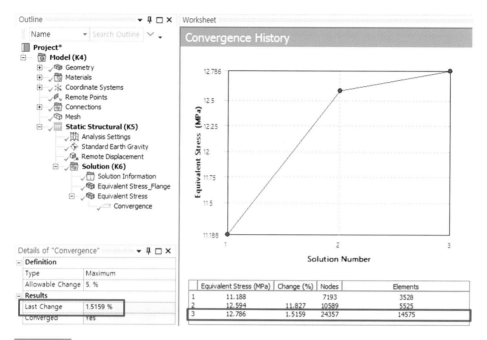

그림 4.117 Convergence Tool을 이용한 수렴성 검토 결과

Detail 항목에서 Last Change가 세 번째 항목 기준으로 수렴되었음을 알 수 있습니다. 결과 항목에서 Element와 함께 보기를 선택하여 최종 수렴된 격자 양상을 확인합니다.

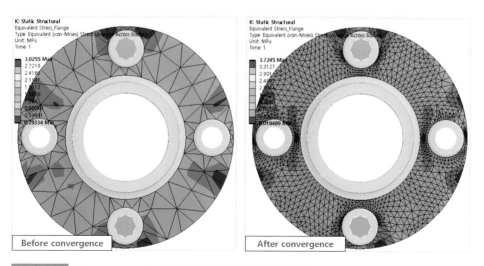

그림 4.118 Convergence Tool을 이용한 수렴성 검토 해석 결과

05

구조 해석

5.1 선형 구조 해석 개념

선형 구조 해석은 경계조건과 하중이 정적으로 작용하는 구조물에 대한 해석입니다. 이 해석은 모델의 변위, 변형률, 응력, 반력을 구해내고 안전 계수(Factor of Safety)를 이용하여 소성 및 파괴 여부를 확인할 수 있습니다. 선형 응력 해석은 후크의 법칙을 기본식으로 표현됩니다.

$$F = KU$$

1) 탄성(Elasticity)

물체가 외력을 받으면 형상이 변형됩니다. 다음 그림을 보면 용수철에 추가 매달려 있으며 이때 용수철은 늘어나게 되며 추를 더 달게 되면 더 많이 늘어납니다. 추를 제거하면 용수철은 원래의 길이로 돌아옵니다. 이것은 용수철이 탄성을 가지고 있기 때문입니다.

　물체에 힘이 작용할 때 형태가 바뀌었다가 힘이 제거되면 원래의 상태로 돌아오는 성질을 탄성이라고 합니다.

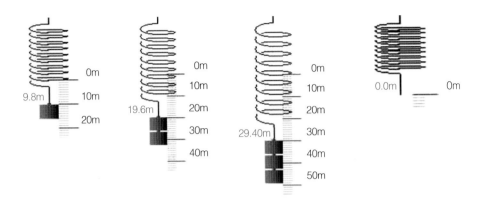

그림 5.1   추의 무게와 용수철의 늘어난 길이와의 관계

인장 시험기에서 재료에 인장을 가하면 응력-변형률 선도를 그릴 수 있습니다.

아래의 그래프에서 탄성범위 내의 직선의 기울기를 탄성계수(Modulus of Elasticity)라고 부릅니다. 변형률은 단위가 없으므로 이 기울기는 응력과 같은 단위를 가집니다. 이 값은 재료의 특성으로, 선형 구조 해석 시 입력되는 재료 물성 입니다.

$$\sigma = E\varepsilon$$

그림 5.2   재료의 응력-변형율 곡선

2) 후크의 법칙(Hooke's Law)

후크(Hooke)는 용수철에 가해진 힘과 늘어난 길이의 관계를 다음과 같은 공식으로 만들었습니다.

$$가해진\ 힘 = (용수철\ 상수) \times (늘어난\ 길이)$$
$$F = KU$$
$$(F : 힘, K : 용수철\ 상수, U : 늘어난\ 길이)$$

위 공식을 후크의 법칙이라고 합니다. 후크의 법칙에서 외력과 변형 정도는 서로 비례합니다. 또한 탄성한계 안에서만 적용됩니다.

5.2 선형 구조 해석 연습문제

Clamp 구조 해석

모델 파일 : eTSNE홈페이지 > 전문자료실 > 왕초보_7판_예제.ZIP > clamp.stp

아래 모델에서 Clamp는 임의의 대상과 체결되었다고 가정하며 고정되는 부분은 위, 아래 Hole을 기준으로 합니다. Clamp에 결합된 Pin은 Bolt와 Nut의 체결력으로 고정되며 100(N)의 하중이 부하되고 있습니다. 이 모델에서 발생하는 응력과 변위를 살펴봅니다.

기타 설정 사항	
항목	설정 내용
해석 시스템	Static Structural
단위 시스템	Metric(kg, mm)
적용 재질	Structural Steel
하중 조건	Bolt Pre-Tension, Bearing Load

01 Ansys Workbench를 실행하고, Static Structural System을 생성합니다.

02 생성한 시스템의 Geometry Cell에서 RMB(마우스 오른쪽 버튼) > Import Geometry
로 예제 모델을 불러옵니다.

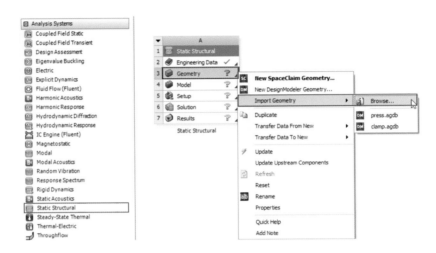

03 Model Cell을 더블 클릭하여 Mechanical Application(simulation)을 실행합니다.

04 Connections에서 4개의 Contact Region을 선택하고 RMB > Rename Based on
Definition을 선택하여 접촉조건 및 접촉관계를 표시합니다.

05 접촉조건을 정의합니다.

Bolt와 Nut의 접촉은 Bonded로 설정하고 나머지 2개 접촉은 No Separation으로 설
정합니다.

06 Mesh를 생성합니다. Outline의 Mesh에서 RMB > Generate Mesh를 선택합니다.
Convergence 기능을 사용하려면 사면체(Tetrahedrons) 요소를 사용해야 하므로
Mesh Control의 추가 설정 없이 기본값으로 유한요소 모델을 생성합니다.

07 고정조건을 부여합니다.

Clamp의 Hole 2개에 Frictionless Support를 적용하여 고정합니다.

Outline의 Static Structural에서 RMB > Insert > Frictionless Support를 추가합니다.

Detail View > Scope > Geometry에서 볼트 Hole면 4곳과 바닥면 1곳을 지정합니다.

08 Bolt 체결 조건을 적용합니다.

Outline의 Coordinate System에서 RMB > Insert > Coordinate System을 추가합니다.

Detail View > Origin > Geometry에 원통 면을 지정합니다. (좌표의 중심이 원통면으로 이동)

Detail View > Principal Axis > Axis를 Z로, Define By를 Global Y Axis로 지정합니다. (Bolt Pretension 방향을 지정하기 위해 좌표를 추가함)

09 Outline의 Static Structural에서 RMB > Insert > Bolt Pretension을 추가합니다.

Bolt의 Body를 선택하고 Coordinate System을 지정하여 10(N)의 체결력이 작용하도록 설정합니다.

10 하중 조건을 부여합니다.

Pin의 Clamp 원통 내면에는 Bearing Load를 적용합니다.

Outline의 Static Structural에서 RMB > Insert > Bearing Load를 추가합니다.

Detail View > Scope > Geometry에 원통 면을 지정합니다. Detail View > Definition > Define By를 Components로 설정하고 Y Component에 100(N)을 입력합니다.

11 검토할 결과항목을 추가합니다.

변형량과 응력 결과항목을 추가합니다. 결과항목을 추가하고 Detail View >

Scope > Geometry에 특정 Body만 지정하면 선택한 Body의 결과만 확인할 수 있습니다. Clamp, Pin, Bolt에 대해 각각 생성합니다.

12 하중에 대한 반력을 알아보기 위해 Force Reaction 항목을 추가합니다.

Outline의 Solution에서 RMB > Insert > Probe > Force Reaction을 추가합니다.

Detail View > Definition > Boundary Condition에 Frictionless Support를 설정합니다.

13 안전율 확인을 위한 결과항목을 추가합니다.

Solution에서 RMB > Insert > Stress Tool > Max Equivalent Stress를 추가합니다.

(재료 물성에 항복강도가 입력되어 있어야 합니다.)

14 수렴 기능을 설정합니다.

Equivalent Stress에서 RMB > Insert > Convergence를 추가합니다.

Ansys Workbench의 수렴(Convergence) 기능은 Mesh 크기에 따른 계산 오차를 줄여 좀 더 정확한 결과를 얻기 위해 사용되는 기능입니다. 기본적으로 두 번 이상의 계산이 진행되는데, 첫 번째 Mesh 크기로 계산한 후 결과의 값이 높은 요소(Element)들을 전체 모델에서 10% 수준으로 선택합니다. 선택된 요소들은 Refinement Level로 설정된 수준으로 더 작게 Mesh를 재생성하여 두 번째 해석이 진행됩니다. 조금 더 정확해진 두 번째의 결과와 첫 번째의 결과를 비교하여 오차가 발생하는 영역을 다시 선택하고 Mesh를 더 작게 재 생성하여 조금 더 정확해진 결과를 얻게 됩니다.

이러한 과정을 반복하여 오차범위가 만족할 수준에 이르면 수렴되었다고 판단하여
계산을 종료하게 됩니다.

15 Detail View > Allowable Change는 수렴오차 범위를 5%로 입력합니다. 오차범위가
5% 이내에 들면 수렴되었다고 판단합니다.

Ansys Workbench

16 Solution > Details View를 확인합니다.

202

Max Refinement Loops에 3을 설정합니다. 오차범위 5% 이내로 수렴되도록 하되, 수렴되지 않을 경우 최대 3회까지 반복하여 계산을 수행합니다. Refinement Depth 는 1로 설정합니다. Mesh Refinement와 동일한 기능이며, 1로 설정된 값은 오차범위에 드는 Element를 선택하여 기존의 1/2 크기로 Mesh Refinement를 진행합니다.

17 해석을 실행합니다.

18 해석이 완료되면 수렴된 과정을 그래프로 확인할 수 있습니다. 최대 응력 값의 편차는 133.78%입니다. 해석 모델에 특이해(Singularity)가 발생되는 부분이 존재할 경우, 아래 그래프와 같이 두 번의 반복해석을 완료한 이후에도 수렴되지 않고 발산하게 됩니다. 최대 응력이 발생하는 위치를 결과에서 찾아보아야 합니다. 해결방법은 특이해가 발생되는 영역을 제외한 Body 또는 Entity를 지정하거나 결과값에 큰 변동이 없는 결과 항목에 수렴 기능을 적용할 수 있습니다. 최대 응력이 발생하는 Bolt 영역을 제외한 다른 결과 항목을 선택하여 다시 진행해봅니다.

19 Pin body의 응력 결과항목에 수렴 기능을 추가하고 동일한 설정을 부여한 후 해석
    을 실행합니다.

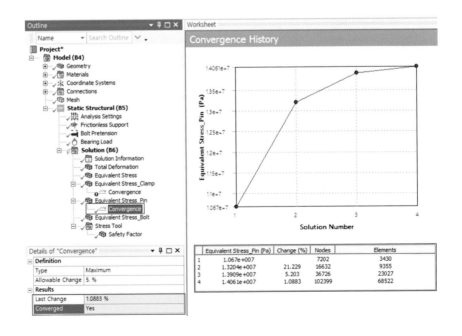

위 그래프의 의미는 첫 번째에서는 최대 응력 값이 1.067e+7(Pa)이며, Mesh Refinement를 반복하여 네 번째에서는 1.406e+7(Pa)로 수렴된 것을 알 수 있습니다. 총 네 번의 Refinement Loop를 진행하면서 결과 변화율이 5% 이내인 1.0883%로 수렴되었습니다.

20 결과값에 차이가 발생되는 부위에 대해서만 Mesh가 조밀하게 재생성된 것을 아래와 같이 볼 수 있습니다. 응력 값을 확인합니다. Refinement된 최종 Mesh 형상과 같이 결과를 살펴보기 바랍니다.

21 다른 결과항목들에 대해서도 결과를 확인해봅니다.

해석 결과 Max Stress는 170(MPa)인 것을 확인할 수 있으며 Stress Tool의 Safety Factor를 확인한 결과 모든 영역에서 안전율 1을 넘기 때문에 구조적으로 안전하다고 판단됩니다. 그리고 Force Reaction이 100(N)의 결과가 나왔으므로 입력된 하중 100(N)과 동일하기 때문에 적용된 경계조건이 적합했다고 판단됩니다.

5.3 비선형 구조 해석 개념

유한요소 해석을 수행하는 데 있어서 가장 기본이 되는 식은 아래와 같으며, 이 식에서 우리는 주어진 하중벡터 {F}를 이용하여 미지수인 변위벡터 {U}를 구하게 되는 것입니다. 이 식에서 [K]를 강성행렬(Stiffness Matrix)이라고 하며 구조물의 형상 및 재료 물성을 기반으로 만들어지는 행렬입니다.

$$[K]\{U\} = \{F\}$$

위의 식을 그래프로 나타내보면 〈그림 5.3〉과 같은데, 실제에 있어서는 여러 가지 이유로 인하여 점선으로 나타낸 선과 같이 선형관계를 가지지 않는 경우가 많이 발생합니다.

구조물이 비선형 거동을 보이는 이유를 크게 세 가지로 분류할 수 있는데, Ansys에서는 어떠한 경우에 대해서도 효과적으로 해석을 수행할 수 있으며, 고난도의 비선형 문제에 대해서도 손쉽게 해석을 수행할 수 있습니다.

구조물이 비선형 거동을 나타내는 이유는 다음과 같습니다.

그림 5.3 선형과 비선형 거동의 비교

- 기하학적 비선형 : 대변형, 대회전 등으로 인해 각 절점이 미소변위를 일으킨다는 가정을 더 이상 적용할 수 없게 되며, 이에 따라 강성행렬 [K]도 변화하게 됩니다.
- 재료 비선형 : 상대적으로 큰 외력이 작용하는 구조물의 경우 항복을 일으키게 되고, 이후에는 소성변형을 일으키게 됩니다. 즉 항복점 이후에는 탄성계수만을 적용할 수 없음으로써 강성행렬 [K]가 변화하게 됩니다.
- 상태 변화 비선형 : 해석 도중 경계조건이 달라짐으로써 구조물의 강성행렬이 바뀌는 경우로, 접촉으로 인한 상태 변화가 그 대표적인 예입니다.

비선형 문제를 해석할 때에는 비선형적인 거동을 정확하게 예측하기 위하여 주어진 하중 또는 변위를 여러 구간으로 분할하고 각 구간에 대하여 평형조건을 만족할 때까지 여러 번의 반복 계산을 수행함으로써 해를 얻게 되며, 이때 사용되는 대표적인 방법이 뉴턴–랩슨법(Newton-Raphson Method)입니다.

5.4 비선형 구조 해석 연습문제

굽힘 잔류응력 해석

> 모델 파일 : eTSNE홈페이지 > 전문자료실 > 왕초보_7판_예제.ZIP > press.agdb

이번 예제는 판재의 굽힘 시에 소성변형이 발생하는 비선형 해석입니다. 받침대 위에 올려진 판재를 중앙에서 눌러 소성변형을 일으킨 후 가해진 하중을 제거하였을 때 남게 되는 영구변형과 잔류응력의 분포를 확인하게 됩니다.

기타 설정 사항	
항목	설정 내용
해석 시스템	2D Static Structural
단위 시스템	Metric(kg, mm)
적용 재질	Structural Steel NL, Aluminum Alloy NL
경계 조건	Fixed Support, Displacement Support

01 Ansys Workbench를 실행하고, Static Structural System을 생성합니다.

02 해석에 사용할 재료 물성을 정의하기 위해 Static Structural System의 Engineering
Data Cell을 더블 클릭하여 설정 화면으로 전환합니다.

Static Structural

03 Icon Toolbar에서 Engineering Data Sources를 클릭하여 Materials Library 목록을 화
면에 나타내게 합니다. General Non-linear Materials Library에서 Aluminum Alloy
NL과 Structural Steel NL을 추가합니다.

General Non-linear Materials Library에는 소성변형을 해석할 수 있도록 비선형 재료 물성이 정의된 재질들이 보관되어 있습니다. 재료 비선형은 BISO(Bilinear Isotropic Hardening) 모델로 2개의 직선으로 표현되는 응력−변형률 관계를 사용하며, 등방성 가공경화 법칙을 포함한 Von Mises 항복기준을 사용합니다. 이 옵션은 일반적으로 금속 재료의 대변형률 소성 문제를 해석하는 데 사용되며, Cyclic Loading을 적용하고자 할 때에는 추천하지 않습니다.

04 Engineering Data 탭을 닫고 Project Schematic 환경으로 돌아갑니다.

05 생성한 시스템의 Geometry Cell에서 RMB > Import Geometry로 예제 모델을 불러 옵니다.

06 예제에서 사용하는 모델은 2D Plane 모델이므로 Geometry > RMB > Properties로
속성 창을 활성화하여 Analysis Type을 2D로 변경해야 합니다. (모델을 불러오기 전
에 2D 설정을 먼저 하실 것을 권장합니다.)

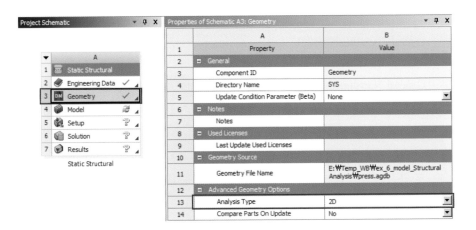

07 Model Cell을 더블 클릭하여 Mechanical Application(Simulation)을 실행합니다.

08 Tree Outline의 Geometry에서 Detail View > Definition > 2D Behavior를 Plane
Stress로 설정합니다.

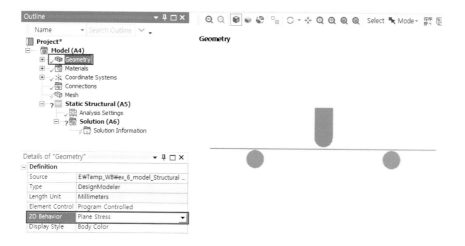

09 판재에 Aluminum Alloy NL을 적용하고 Nonlinear Material Effects를 Yes로 설정합니다. 나머지 모델에는 Structural Steel NL 재질을 적용합니다.

10 상부 Punch와 Plate가 닿는 면에 접촉조건을 부여합니다. 모델은 서로 떨어져 있으므로 접촉조건이 자동으로 생성되지 않습니다. Connections > Contacts > RMB > Insert > Manual Contact Region을 추가합니다. Detail View > Scope > Contact 항목에 Plate 윗면을, Target 항목에 Punch 원통 Edge를 지정합니다. 3개의 접촉조건을 모두 선택한 후 Detail View > Definition > Type을 Frictionless로 변경합니다. (Plate 윗면은 2개의 Edge로 분리되어야 합니다. 필요할 경우, Model 항목에서 Virtual Topology 기능을 사용하여 Edge를 분리합니다.)

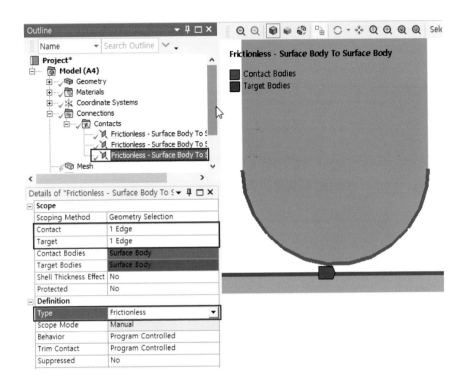

11 3개의 접촉조건을 모두 선택한 후 Advanced 설정을 변경합니다.

Small Sliding 항목을 Off로 변경합니다.

Detection Method 항목을 Nodal-Projected Normal form Contact으로 변경합니다.

Normal Stiffness 항목을 Factor로 변경합니다.

Factor 항목에 값을 0.01로 입력합니다.

Update Stiffness 항목을 Each Iteration으로 변경합니다.

Time Step Controls 항목을 Automatic Bisection으로 변경합니다.

12 Mesh 크기를 설정합니다.

Sizing 항목을 추가하고 Plate의 위, 아래 Edge 및 Plate와 접하는 3개의 원호 Edge를 지정합니다. Size는 0.001(m)를 입력합니다.

13 Generate Mesh를 실행하여 생성된 격자를 확인합니다.

14 하중의 적용을 두 단계로 구분하는 설정이 필요합니다.

Settings > Number Of Steps 항목에 2개 Step을 정의합니다.

Graph에서 생성된 2개 Step을 모두 선택합니다.

Analysis Settings > Current Step Number 항목에 Multi Step 설정 상태가 활성화되었는지 확인합니다.

15 Auto Time Stepping을 On으로 변경한 후에 각각의 Substep에 대한 적용 값을 그림
과 같이 입력합니다. 이는 비선형 해석을 수렴시키기 위해 하중의 크기를 작은 값부
터 천천히 증가시켜 안정된 상태로 수렴되도록 합니다. 해석 모델이 과도한 변형을
일으키게 되므로 Large Deflection 옵션을 활성화합니다.

16 고정조건을 부여합니다. Fixed Support 조건을 추가하고 모델에서 하단 2개의 받침
대를 지정합니다.

17 하중 조건을 부여합니다. Displacement 조건을 추가하고 상단 Punch를 지정합니다.
하중 스텝이 2개로 나누어져 있으므로 Load Step 1에서는 Y방향으로 $-0.02(\mathrm{m})$를
설정합니다.

Load Step 2에서는 하중을 제거하는 단계이므로 Punch를 원래 위치로 되돌려 놓기
위해 0을 설정합니다.

18 Plate의 X방향 자유도의 구속이 완전하지 않으므로 Plate 상단 중앙에 절점(Node)을 선택하여 X방향의 자유도 0으로 고정해야 합니다. 절점을 경계조건으로 사용하려면 Named Selection 항목을 미리 생성해야 합니다. Toolbar에서 Mesh 형상을 표시하는 아이콘을 활성화합니다. 객체 선택 필터에서 Node 아이콘을 활성화합니다. Plate 상단에서 Punch와 접촉하는 중앙 부분의 절점을 하나 선택하고, 마우스 오른쪽 버튼을 클릭합니다. 마우스 메뉴에서 Create Named Selection 항목을 선택하고 이름으로 Center Node라고 입력합니다.

19 Direct FE 메뉴에서 Nodal Displacement 항목을 추가합니다.
Detail View에서 이전 단계에서 만들어 놓은 Named Selection 항목을 선택합니다.

X Component 항목에 값을 0으로 입력합니다.

20 Solve를 클릭하여 해석을 진행합니다.

Solution Information에서는 해석 진행 상황에 대한 수렴 값들을 볼 수 있습니다. 이
것은 Ansys MAPDL 환경(Classic)에서의 Output 창과 동일합니다. Solution Output
항목을 Force Convergence로 변경하면 수렴 값들에 대해 그래프로 살펴볼 수 있습
니다.

21 해석이 완료되면 결과를 확인합니다.

결과항목으로 Equivalent Stress를 추가한 후 Evaluation합니다. Graph에서 원하는
결과 위치를 선택하고 Retrieve This Result 하면 해당 Step에 대한 결과를 확인할 수
있습니다.

Load Step 1에서는 312(MPa)의 응력이 발생되어 항복강도를 초과하는 수준을 나타
내고 있습니다.

Load Step 2에서는 하중이 제거된 상태이며, 소성변형에 의한 잔류응력으로 95 (MPa) 정도 발생되고 있음을 확인할 수 있습니다. (동일한 설정에서도 Mesh 형상은 random하게 생성되므로 해석 결과는 조금 다를 수 있습니다.)

5.5 Direct FE 기능을 이용한 해석 연습문제

Direct FE 기능을 사용한 외팔보 해석

모델 파일 : eTSNE홈페이지 > 전문자료실 > 왕초보_7판_예제.ZIP > Block.agdb

이번 예제는 Direct FE 기능을 사용하여 해석 모델에 경계조건을 적용하는 선형 구조 해석입니다. 외팔보 좌측을 고정하고 우측 상단 면의 임의지점에 하중을 부여합니다. 경계조건은 면을 선택하지 않고, 격자 생성 후 절점들을 선택하여 유한요소 모델에 직접 하중을 적용하는 방법을 알아보는 예제입니다.

기타 설정 사항	
항목	설정 내용
해석 시스템	3D Static Structural
단위 시스템	Metric(kg, m)
적용 재질	Structural Steel
경계 조건	Direct FE

01 Ansys Workbench를 실행하고, Static Structural System을 생성합니다.

02 Static Structural System의 Geometry 부분에서 마우스 오른쪽을 클릭하여 Import Geometry에서 모델링된 Block.agdb 파일을 불러옵니다.

03 Model Cell을 더블 클릭하여 Mechanical Application(Simulation)을 실행합니다.

04 격자를 생성한 후 선택필터를 Node로 활성화하고 외팔보를 고정시킬 절점들을 선택합니다.

05 절점 선택이 완료되면 마우스 오른쪽 버튼을 클릭합니다.

06 마우스 메뉴에서 Create Named Selection 항목을 선택하고 이름으로 Fixed Nodes라고 입력합니다.

07 Outline Tree > Static Structural을 선택합니다.

08 Icon Toolbar > Environment Tab > Direct F > Nodal Displacement 조건을 추가합니다.

09 Detail View > Scoping Method를 Named Selection으로 변경하고 생성했던 Named Selection 항목(Fixed Nodes)을 정의합니다.

10 절점들의 변위 값을 모두 0으로 정의합니다.

11 새로운 Named Selection 항목을 만들기 위해 외팔보 상단에 하중이 작용할 절점들을 선택합니다.

12 절점 선택이 완료되면 마우스 오른쪽 클릭 > Named Selection을 생성합니다. (본 예제에서는 F_Nodes라는 이름으로 Named Selection을 생성하였습니다.)

13 Direct FE > Nodal Force 조건을 추가합니다.

14 Detail View > Scoping Method를 Named Selection으로 변경하고 생성했던 Named Selection 항목(F_Nodes)을 정의합니다.

15 Z 방향으로 −10N의 하중이 작용하게 합니다. (1개 절점에 작용하는 하중 = −10N/절점 수)

16 Solve 아이콘을 클릭하여 해석을 진행합니다.

17 고정되는 부분의 응력을 살펴보기 위해 Equivalent Stress 항목을 추가합니다.

18 Detail View > Scoping Method를 Named Selection으로 변경하고 생성했던 Named Selection 항목(Fixed_Nodes)을 정의합니다.

19 반력 결과도 추가하여 살펴봅니다.

06

열 전달 해석

6.1 열 전달 해석 개념

열은 몇몇 특이 현상(열전현상)을 제외하고는 반드시 뜨거운 곳에서 차가운 곳으로 이동합니다. 찬물과 더운물을 섞으면 미지근해지는 것은 누구나 압니다. 높은 곳에서 낮은 곳으로 돌이 구르듯 고온에서 저온으로 열이 흐르는 것은 무질서도(엔트로피)가 증가하려는 자연의 법칙입니다. 무질서도란 질서가 없는 정도를 말합니다. 어지럽게 흩어질수록 무질서도가 커지는데, 모든 자연현상은 열역학 제2법칙, 즉 엔트로피 증가의 법칙을 따릅니다. 열역학은 평형 상태 간의 에너지 산출을 다루는 학문이고, 열 전달은 열이 이동할 때 열의 전달률을 예측하는 것, 즉 평형 상태 간의 에너지 이동량을 산출하는 것입니다. 물질 내에 온도구배(Temperature Gradient)가 있으면 언제나 열의 흐름이 발생합니다. 이러한 열 전달에는 전도, 대류, 복사의 세 가지 방식이 있습니다.

1) 전도

모든 물질은 분자로 구성되어 있는데, 온도가 높다는 것은 물체 내부로 열이 들어와서 물체를 구성하고 있는 분자의 운동이 활발해진 상태를 말합니다. 그림과 같이 금속 막대의 한쪽 끝에 열을 가하면 열에너지로 인해 분자나 전자가 진동하게 되고, 그 진동은 이웃하는 분자에 영향을 미쳐 옆의 분자와 충돌하여 순차적으로 진동하게 됩니다. 이러한 연쇄 반응은 서로 간의 온도 차이가 없을 때까지 계속하여 일어납니다. 이와 같이 정지된 유체나 고체 상태의 물질에서 이웃한 분자의 운동으로 열이 전달되는 현상을 전도라고 합니다.

열전도율(Thermal Conductivity)이란 열에너지를 전도하는 능력을 나타내는 값으로 물질의 물성 값입니다.

그림 6.1 온도에 따른 분자운동

전도 법칙은 Biot에 의한 실험적 관찰 내용에 기초를 두고 있으며, Fourier의 이름을 따라서 명명되었습니다.

$$Q_x = -kA\frac{dT}{dX}[W] \quad \text{열전달률(Heat Flow Rate)}$$

$$q_x = \frac{Q_x}{A} = -k\frac{dT}{dX}[W/m^2] \quad \text{열속(Heat Flux)}$$

k = 열전도율(Thermal Conductivity)

그림 6.2 Fourier 열전달 법칙

2) 대류

유체가 고체의 표면 위를 흐르고 이들 사이의 온도가 서로 다를 때에는 액체의 운동에 의하여 유체와 고체 표면 사이에 열 전달이 발생합니다. 이러한 열 전달 메커니즘을 대류(Convection)라고 합니다.

- 자연대류 : 유체 내의 온도 차에 따라 발생한 밀도 변화로 부력이 생기고 이 효과로 일어나는 열 전달
- 강제대류 : 펌프나 송풍기로 유체를 강제로 흐르게 하는 경우처럼 인위적인 유체 유동에 의하여 일어나는 열 전달

대류 열 전달률은 단순히 온도 차에 비례하며, 다음과 같이 뉴턴의 냉각 법칙 (Newton's law of cooling)으로 표시됩니다.

$$Q = hA(T_s - T_\infty)[W]$$

여기서 h는 대류 열 전달계수로서 W/m²°C이며, A는 대류 열 전달이 발생하는 면적, T_s는 물체 표면 온도, T_∞는 표면의 유체 온도입니다.

표 6.1	대표적 대류 열 전달계수(W/m²°C)		
자연대류	0.25m의 수직평판인 경우	대기	5
		엔진오일	37
		물	440
	바깥지름 0.02m의 수평원통	대기	8
		엔진오일	62
		물	741
	바깥지름 0.02m의 구	대기	9
		엔진오일	60
		물	606
강제대류	길이 0.5m의 평판 위에 속도 10m/s로 흐르는 25°C의 공기	17	
	바깥 지름 1cm의 원통을 가로지르는 속도 5m/s의 흐름	대기	85
		엔지오일	1,800

3) 복사

난로를 피우거나 햇빛을 쬐면 따뜻해지는 이유는 온도가 높은 물체로부터 열이 매질 없이 바로 전달되기 때문입니다. 모든 물질은 고온이 되면 그 물체를 구성하고 있는 원자

나 분자가 격렬한 진동을 하게 됩니다. 입자들이 진동하는 주위에는 전자기파가 발생하며, 이 전자기파가 각 방향으로 퍼져서 방출됩니다. 전자기파가 우리 몸에 도달하여 몸을 구성하고 있는 원자나 분자를 진동시킬 때 우리는 따뜻하다고 느끼게 됩니다. 이런 방법으로 열을 전달하는 것을 복사라 합니다.

절대온도 T_s인 표면에서 방출하는 최대 복사율은 스테판-볼츠만(Stefan-Boltzmann) 법칙에 의해 다음과 같습니다.

$$Q = \varepsilon \sigma A T_s^4 [W]$$

여기서 $\sigma = 5.67 \times 10^{-8} \text{W/m}^2 \text{K}^4$으로 스테판-볼츠만 상수라고 합니다. ε는 방사율 (emissivity)입니다. 방사율은 $\varepsilon = 1$인 흑체와 얼마나 가까운지를 나타내는 지표이며 그 범위는 $0 \leq \varepsilon \leq 1$입니다.

4) 정상 상태(Steady-State) 열 전달

정상 상태란 에너지의 균형을 이룬 상태로 들어온 양과 나간 양이 같은 것을 의미합니다. 즉, 정상 상태란 입사 = 방출인 상태입니다. 처음에 열을 가할 때 각 부분의 온도가 올라가지만(과도 상태) 들어오는 열량과 나가는 열량이 같아지면 각 부분의 온도가 일정한 상태(정상 상태)로 유지됩니다. 즉 과도 상태가 지난 후에는 정상 상태가 됩니다. 정상 상태에서는 온도가 시간에 의존하지 않습니다.

처음에는 온도가 전체적으로 올라가다가 계속 가열해도 각 부분의 온도가 일정한 상태(정상 상태)로 유지됩니다.

그림 6.3 정상 상태 열전달

5) 과도 상태(Transient) 열 전달

시간이 아무리 경과하여도 온도가 변하지 않는 정상 상태를 제외한 모든 경우에서 온도는 시간에 따라 변하게 됩니다. 이러한 경우는 물체 내부의 온도가 위치와 시간에 따라서 변하게 되므로 위치와 시간에 따른 함수를 고려하여 해석해야 합니다.

과도 해석을 수행하려면 구조물의 초기 온도 분포를 적용해야 하는데, Ansys Workbench에서는 두 가지 방법이 있습니다.

표 6.2	Ansys의 과도 상태 열전달	
초기 온도 분포	초기 온도 값	방법
일정한 경우 (UNIFORM)	알고 있는 경우	· 전체 모델에 초기 온도를 준다. · 과도 해석을 한다. · 명령어 [TUNIF]
일정하지 않은 경우 (NON-UNIFORM)	모르는 경우	· 정상 상태 해석을 하여 초기 온도를 구한다. · 그다음 과도 해석을 한다.

6.2 정상 상태 열 전달 해석 연습문제

heat sink의 열 전달 해석

모델 파일 : eTSNE홈페이지 > 전문자료실 > 왕초보_7판_예제.ZIP > heat sink.igs 또는 heat sink.stp

아래와 같은 heat sink는 80°C로 발열되는 Chip을 대기 중의 자연대류에 의해 냉각시키는 역할을 맡고 있습니다. heat sink의 전체 온도 분포를 구합니다.

기타 설정 사항	
항목	설정 내용
해석 시스템	Steady-State Thermal
단위 시스템	Metric(kg, mm, N, °C)
적용 재질	Copper Alloy
하중 조건	Temperature, Convection

01 Ansys Workbench를 실행하고, Steady-State Thermal System을 생성합니다.

02 해석에 사용할 재료 물성을 정의하기 위해 Engineering Data Cell을 더블 클릭하거나 또는 RMB(마우스 오른쪽 버튼) > Edit… 를 선택합니다.

03 Engineering Data Sources 아이콘을 클릭 후 General Materials Library에서 Copper Alloy를 추가(노란색 + 아이콘 클릭)합니다.

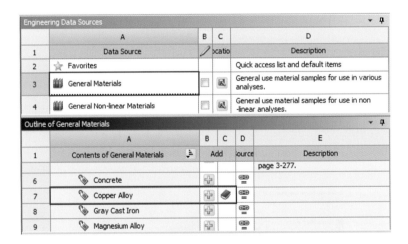

04 Engineering Data 탭을 닫고 Project Schematic 환경으로 돌아갑니다.

05 Geometry Cell에서 RMB(마우스 오른쪽 버튼) > Import Geometry > Browse…를 클릭하여 모델 파일(heat sink.stp 또는 heat sink.igs)을 선택합니다.

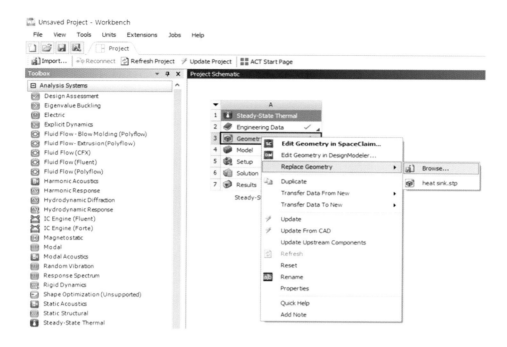

06 Project Schematic에 생성된 Steady-State Thermal System의 Model Cell을 더블 클릭
하여 Mechanical Application을 실행합니다.

07 모델에 적용할 재질을 Copper Alloy로 변경합니다.

08 Heat sink 밑 분할한 면에 chip에 의한 발열 온도 조건을 부여합니다. Tree Outline의
    Steady State-Thermal에서 RMB > Insert > Temperature를 추가합니다. Detail View
    > Geometry에 분할 면(1 Face)을 지정하고, Definition > Magnitude에 80을 입력
    합니다.

09 Heat sink 외부 면에는 대기 중의 자연 대류 조건을 부여합니다. Tree Outline의
    Steady State-Thermal에서 RMB > Insert > Convection을 추가합니다. Detail

View > Geometry에 외부 돌출 면을 지정합니다. Select Filter를 Box Select로 변경 후 선택하거나 전체 면을 선택 후 바닥면 2개를 'Ctrl' 키를 이용하여 제외합니다.

10 대류계수는 Workbench에서 제공하는 데이터를 사용하겠습니다. Detail View > Film Coefficient 항목의 버튼을 클릭하여 추가 Menu의 Import Temperature Dependent…를 클릭합니다. Ambient Temperature에 22°C(주변 공기의 온도)를 입력합니다.

11 Convection Data들 중에서 Stagnant Air-Simplified Case 항목을 적용합니다.

12 결과 항목으로 Temperature, Total Heat Flux를 추가합니다.

13 해석을 실행합니다.

14 온도 분포와 열속 분포를 확인합니다. heat sink의 온도는 80°C에서 약 78.9°C로 분포(격자 밀도에 따라 약간의 차이가 발생 가능)하며 최대 Heat Flux값은 약 0.12W/mm²입니다.

07

진동 해석

7.1 진동 해석 개념

1) 진동 해석

조수의 간만을 보거나 바람에 나무가 흔들리는 것, 산업 기계 등의 끊임없는 운동을 보며 사람은 진동에 관심을 가져왔습니다. 기계, 건물의 기초 구조물, 엔진, 제어계 등에는 진동이 발생하며, 이들의 설계에는 필연적으로 진동의 영향을 고려해야 합니다. 반복되는 진동으로 피로 파괴가 발생할 수 있으며 마모량이 커지거나 심한 소음이 발생하기도 합니다. 따라서 공진영역을 회피하는 설계가 필요하며, 여러 가지 하중 조건에서의 동적 특성을 반드시 분석해야 합니다.

2) 진동수(Frequency)

진동수(Frequency)란 주기적인 현상이 매초 반복되는 횟수로서 1초간 진동한 횟수를 말하며 진동이 얼마나 자주 일어나는가를 나타냅니다. 진자 혹은 용수철에 매달린 물체의 진동수는 주어진 시간에 좌우 또는 상하로 진동한 횟수를 나타냅니다. 초기 위치 위에서 아래로, 아래에서 위로 완전히 한 번 진동하는 데 이것이 1초 걸렸으면 진동수는 1초에 한 번 진동한 것이며, 값은 1입니다[단위 : Hz].

3) 주기(Period)

진동수의 역수, 한 번 진동하는 데 걸리는 시간입니다[단위 : s].

4) 진폭(변위, Amplitude)

아래위로 흔들린 폭으로 진동을 변위와 시간의 함수로 나타낸 것입니다[단위 : m, cm, mm].

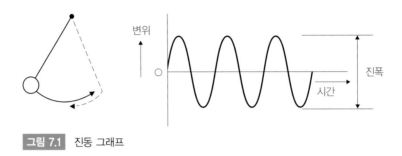

그림 7.1 진동 그래프

5) 고유진동수(Natural Frequency)

탄성체가 자연스럽게 진동하는 진동수입니다. 딱딱한 바닥에 쇳조각과 나무 조각을 떨어뜨릴 때의 소리는 쉽게 구분이 됩니다. 소리란 물체의 진동에 의해 만들어지는데 두 물체가 바닥에 떨어질 때 다르게 진동하기 때문입니다. 탄성물질로 이루어진 물체가 진동할 때에는 그 물체에 해당하는 고유의 진동수로 진동하며 고유의 소리를 냅니다. 물체의 재료 특성이나 모양에 의해 결정되는 특정 진동수를 고유진동수라 합니다.

$$진동수 \ f = \frac{1}{2\pi}\sqrt{\frac{k}{m}} \qquad\qquad 주기 \ T = 2\pi\sqrt{\frac{m}{k}}$$

6) 공진(Resonance)

외부 가진 진동수가 구조물의 고유진동수와 일치할 때마다 공진이라 알려진 현상이 일어나는데, 이로 인하여 과도한 변형과 파괴가 일어납니다. 즉 가진 진동수 ω가 계의 고유진동수 ω와 같아지는 상태를 공진이라고 부릅니다. 공진이 발생하게 되면 변위는 무한대가 되기 때문에 구조물은 파괴됩니다(감쇠가 없는 경우).

7) 모드 형상(Mode Shape)

모드 형상이란 자연계에서 어떤 모델이 변형할 수 있는 확률이 가장 높은 쪽부터 1차, 2차…로 나오게 됩니다. 종이를 예로 들면 변형하기 가장 쉬운 형상은 구부리는 것일 것입니다. 그다음 비틀 수도 있고 잡아당기는 방향으로 변형할 수도 있을 것입니다. 그런데 구부리는 것은 쉽지만 잡아당기는 변형은 어려울 것입니다.

모드란 질량에 대한 강성의 비로 생각할 수 있습니다. 종이를 구성하는 강성은 여러 가지입니다. 그중 강성이 작은 것부터 차례대로 나오는데 가장 약한 것이 Bending이 됩니다. 종이나 길쭉한 모델은 Bending에 약할 것이고 인장에 강할 것입니다. 그래서 다음의 모델을 보면 모드 형상이 강성이 약한 Bending Mode(1차 모드)부터 나오고 인장모드(6차 모드)는 6차에서 나오게 됩니다. 이와 같이 1차 모드로 될 확률이 크고 또한 약하기 때문에 공진이 일어나기 쉽고 위험도 높습니다.

a. 1차 모드　　　　　　　　　b. 3차 모드　　　　　　　　　c. 5차 모드

그림 7.2　모드 현상

7.2 해석 시스템 종류

1) 모달 해석(Modal Analysis)

구조물의 진동 모드 형상과 고유진동수를 구하는 해석입니다. 모델의 질량 또는 강성 등을 제어하여 구조물의 고유 진동 특성을 확인합니다.

$$[M]\{\ddot{u}\} + [C]\{\dot{u}\} + [K]\{u\} = 0$$

2) 전 하중 상태에서의 모달 해석(Pre-Stress Modal Analysis)

Ansys Workbench에서는 하중을 받고 있는 상태의 구조물에 대한 모달 해석이 가능합니다. 구조물이 하중을 받고 있으면 강성이 변화하는데 이 때문에 고유진동수가 변하게 됩니다. 예를 들어, 악기 중에 기타의 경우 연주코드를 잡으면 줄이 당겨지면서 강성이 증가하게 되고 고유진동수가 높아지게 됩니다. 이 때문에 기타에서 고음의 소리가 나오는 것입니다.

3) 하모닉 해석(Harmonic Analysis)

하모닉 해석(혹은 조화응답 해석)은 외부의 주기적인 진동하중에 대한 구조물의 진동 응

답을 알아보는 해석입니다. 구조물이 Sine Wave와 같은 주기적인 가진을 받고 있는 경우, 가해지는 하중의 크기와 가진 주파수를 이용하여 실제의 Time Domain을 Frequency Domain으로 바꾸어 정적인 구조 해석을 수행하는 것입니다. Sine 함수 또는 Cosine 함수로 가정한 일정한 크기의 가진력을 지정한 주파수 범위에서 구조물에 적용하게 됩니다.

회전 기계류, Unbalanced 타이어, 헬리콥터 날개 등과 같이 주기적인 가진력이 작용하는 구조물의 응답을 구하게 됩니다.

하모닉 해석을 통해서 주파수별 변위, 속도, 가속도, 각 부분의 응력과 변형률 등을 구할 수 있습니다.

7.3 회전체 진동

회전체 진동 해석은 회전체 기계류의 회전 진동 거동을 분석합니다.

엔진, 모터, 디스크 장비, 터빈과 같은 회전 장치들은 관성 효과를 분석하여 설계 오류를 줄이고 이를 개선시켜야 합니다.

그림 7.3 회전체 베어링 시스템 및 Campbell 선도

일반 운동 방정식은 아래 식과 같습니다.

$$[M]\{\ddot{U}\} + [C]\{\dot{U}\} + [K]\{U\} = \{f\}$$

[M]은 질량행렬, [C]는 감쇠행렬, [K]는 강성행렬이고 {f}는 외부 하중 벡터입니다.

회전체 역학에서, 이 방정식은 회전 운동 효과 [G], 회전 감쇠 효과 [B]를 추가적으로

더 고려하게 됩니다.

$$[M]\{\ddot{U}\} + ([G] + [C])\{\dot{U}\} + ([B] + [K])\{U\} = \{f\}$$

자이로스코프 행렬 $[G]$는 회전 속도(혹은 구조물 중 일부가 서로 다른 회전 속도를 가지고 있다면 각 속도들)와 관련되어 있으며, 회전체 역학 해석의 주요 인자입니다. 회전 감쇠 행렬 $[B]$ 또한 회전 속도에 의존합니다. 이 행렬들에 대한 더 많은 정보를 알고자 한다면 Mechanical APDL and Mechanical Applications에서 Gyroscopic Matrix in the Theory Reference를 살펴보시기 바랍니다.

7.4 진동 해석 연습문제

Manifold 진동 해석

모델 파일 : eTSNE홈페이지 > 전문자료실 > 왕초보_7판_예제.ZIP > manifold.igs

아래 모델은 엔진 배기구에 연결되는 Outtake Manifold입니다. 머플러에 연결되는 부분은 차체에 고정되며 내부에는 맥동압이 발생된다고 가정합니다. 이 모델에 대해 모달 해석과 하모닉 해석을 수행하여 응답을 살펴봅니다.

기타 설정 사항	
항목	설정 내용
해석 시스템	Modal, Harmonic
단위 시스템	Metric(kg, mm)
적용 재질	Structure Steel
하중 조건	외부 가진

01 Ansys Workbench를 실행하고, Modal Analysis System을 생성합니다.

02 생성한 시스템의 Geometry Cell에서 RMB > Import Geometry로 예제 모델 (manifold.igs)을 불러옵니다.

03 Model Cell을 더블 클릭하여 Mechanical Application(Simulation)을 실행합니다.

04 Mesh를 생성합니다.

Tree Outline에서 Mesh > RMB > Insert > Sizing 선택합니다.

Sizing의 Details View에서 Geometry에는 Manifold Body를 선택하고(1EA) Element Size에 5mm을 입력합니다.

Tree Outline에서 Mesh > RMB > Generate Mesh 실행합니다.

05 해석 조건을 설정합니다.

Analysis Settings의 Details View를 확인합니다. Max Modes to Find에는 기본적으로 6차 모드까지 설정되어 있습니다. 결과를 보고자 하는 차수로 설정할 수 있으며, Range를 정하여 원하는 결과 Range에서의 차수도 확인할 수 있습니다.

06 고정 조건을 부여합니다.

Tree Outline의 Modal에서 RMB > Insert > Fixed Support를 추가합니다.

Detail View > Scope > Geometry에 Hole 6개(12면)와 끝부분 1개 면을 지정합니다.

07 해석을 실행합니다(A 또는 B 버튼 클릭).

08 해석이 완료되면 Outline의 Solution 항목을 선택합니다. Graph와 Tabular Data로
각 차수에 대한 고유진동수 결과를 나타냅니다.

09 Graph 또는 Tabular Data에서 RMB > Select All을 선택합니다.

10 선택된 데이터에서 RMB > Create Mode Shape Results를 선택합니다.

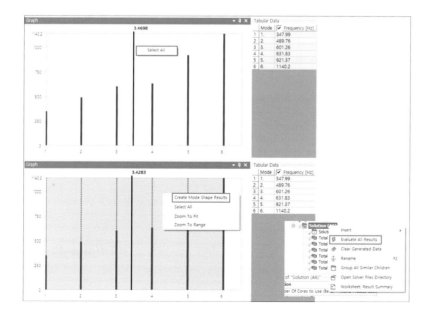

1~6차 모드 형상을 살펴볼 수 있도록 Total Deformation 결과 항목이 생성됩니다. RMB > Evaluate합니다.

11 Total Deformation을 눌러 각각의 모드 형상을 살펴봅니다.

1차 모드의 고유진동수는 347.99Hz이며, 모드 형상은 다음 그림과 같습니다.

12 하모닉 해석을 수행하기 위해 Modal Analysis에 Harmonic Response를 추가합니다.

13 Outline의 Harmonic Response 해석에서 Analysis Setting 항목의 Details View를 확인합니다.

Option 항목에서 Min & Max Range를 300~1,200Hz로 설정합니다. 이 설정의 목적은 모달 해석에서 얻은 6개 모드의 고유진동수 전체 영역에 대해서 공진 여부를 확인하기 위한 것입니다. Solution Intervals는 가진 주파수를 증가시켜 가며 해석하는 개수가 90개임을 뜻합니다. 즉 300에서 1,200Hz까지 가진 주파수를 310Hz, 320Hz, 330Hz, 340Hz… 증가시키며 해석을 수행합니다. 또한 Harmonic 해석에서 Damping의 입력은 정확한 결과를 위해 반드시 필요합니다. 예제에서는 2%(=0.02)로 정의합니다.

14 상단에 하중 조건(가진)을 설정합니다. Pressure 조건을 추가하고 내부의 표면(61개)를 지정합니다. Magnitude에 하중 값 0.1MPa을 입력합니다. 이제 이 모델의 내부에서는 0.1MPa의 크기로 300~1,200Hz에서의 진동 하중이 작용하게 됩니다.

참고 : 내부 면 선택 > 상단 메뉴의 Extend to Limits 기능을 사용

보이는 내부 면을 선택하고, Extend to Limits 버튼을 클릭합니다. Ctrl 키를 누르고 선택되지 않은 면을 추가로 선택하여 Extend to Limits 버튼을 선택합니다.

15 해석을 실행합니다.

16 검토할 결과를 추가합니다. 가진 부위에서 주파수대 변위 그래프를 확인합니다. Frequency Response에서 Deformation을 추가하고, 가진 면을 지정합니다. Orientation을 X Axis로 변경, Spatial Resolution을 Use Maximum으로 변경합니다(선택한 면에서의 가진 방향으로 최대 변위를 확인하기 위해).

17 16번 항목을 추가하여 Orientation(©) 값을 Y Axis와 Z Axis로 변경 후, 결과를 확인합니다.

18 세 가지 축 방향의 Frequency Response를 비교합니다. Z축 그래프에서 Frequency가 630Hz일 때 최대 피크점이 나옵니다. 앞의 Modal 해석에서 비교하자면 4차 모드에서 피크가 발생한 것을 알 수 있습니다.

[X Axis의 Deformation]

[Y Axis의 Deformation]

[Z Axis의 Deformation]

19 앞의 결과에서 최대 응답 주파수 630Hz에서 실제 변위와 응력을 확인합니다. Total Deformation을 추가합니다. Frequency에 630Hz를 입력합니다. 최대 변위를 나타내는 위상에서의 값을 확인하기 위해 By값을 Maximum Over Phase로 변경합니다.

20 RMB > Evaluate하여 결과를 확인합니다.

7.5 회전체 진동 해석 연습문제

Rotor 회전 진동

모델 파일 : eTSNE홈페이지 > 전문자료실 > 왕초보_7판_예제.ZIP > Rotor.igs

회전체 진동 문제는 일반적으로 공진회피설계를 목적으로 위험속도(Critical Speed) 산정과 위험속도 선도를 통한 베어링 지지 강성 선정, 안정성 평가 등을 수행하며, 진폭제어 설계를 목적으로 불평형 응답해석(Unbalanced Response Analysis)을 수행합니다. 다음 모델에서는 일정 회전 수에서 위험속도를 산정하여 벤치마킹 모델과 비교하였으며, Ansys에서 Campbell 선도, 위험속도 산정하는 과정을 다룹니다.

Disk	Disk₁	Disk₂	Disk₃
Thickness(m)	0.05	0.05	0.06
Inner radial(m)	0.05	0.05	0.05
Outer radial(m)	0.12	0.20	0.20
Shaft	L₁	L₂	L₃	L₄
Length(m)	0.2	0.3	0.5	0.3
Radial(m)	0.05	0.05	0.05	0.05

Bearing	
Stiffness (N/mm)	$k_{xx} = 50000$, $k_{yy} = 70000$,
Damping(N·s/mm)	$c_{xx} = 0.5$, $c_{yy} = 0.7$

Material constant	
Modulus of elasticity(Pa)	200×10^9
Density(kg/m³)	7850
Poisson's ratio	0.3

01 Ansys Workbench를 실행하고, Modal Analysis System을 생성합니다.

02 생성한 시스템의 Geometry Cell에서 RMB > Import Geometry로 예제 모델(Rotor. igs)을 불러옵니다.

03 Model Cell을 더블 클릭하여 Mechanical Application(Simulation)을 실행합니다.

04 회전체 격자 생성을 위해 Global Mesh Control에서 Resolution 값을 4로 설정하고 Local Mesh Control에서 Method를 Multizone으로 설정합니다. 제3장을 참고하여 격자를 생성합니다.

05 회전체 양끝 단에 베어링 지지를 설정합니다. Selection Filter에서 Point를 선택(단축키 : Ctrl+P)하여 한쪽 끝단 중심의 포인트를 선택합니다. 베어링의 강성과 감쇠

특성을 설정할 때에는 Bushing, Spring, 그리고 Bearing 기능을 사용할 수 있습니다.
본 예제에서는 Bearing 기능을 사용하여 진행합니다.

한쪽 점 선택 후 Outline > Connections > RMB > Insert > Bearing을 추가합니다.

06 다른 한쪽도 5번 과정과 동일하게 진행합니다.

반대쪽 점 선택 후 Outline > Connections > RMB > Insert > Bearing을 추가합니다.

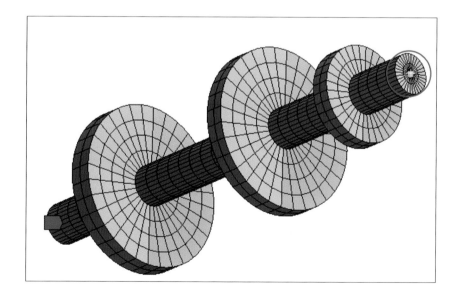

07 생성된 Bearing의 Rotation Plane를 X−Y Plane로 설정합니다. (2개의 베어링을 동시에 설정하면 편리합니다.)

08 생성된 Bearing의 Stiffness, Damping 값을 설정합니다.

09 Outline > Analysis Settings 선택, Detail View에서 다음과 같이 설정합니다.
   10개의 모드를 추출하며, Coriolis Effect, Campbell Diagram을 활성화합니다.
   Number of Points는 고유진동수를 측정할 회전속도의 구간 개수입니다.

10 Outline > Modal > RMB > Insert > Rotational Velocity를 추가합니다.

Tabular Data에서 고유진동수를 측정할 7구간의 회전속도를 정의합니다(단위계 주의 : RPM).

회전 축(Axis)은 축의 원통 면을 선택하거나, 분할된 중심 축을 선택합니다.

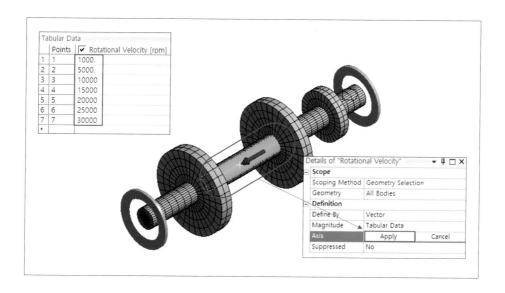

11 해석을 실행합니다.

12 설정 내용을 저장하고 해석을 진행합니다. 해석 완료 후 데이터 보관을 위해 저장합니다.

13 Outline > Solution 선택 > Tabular Data에서 속도 구간에 따른 모드의 고유진동수를 확인합니다.

25,000RPM 구간은 Solve Point 6번입니다. 이 구간에서의 모드 형상을 확인합니다.

14 Solve Point 6번 구간 선택 > RMB > Create Mode Shape Results를 선택합니다.

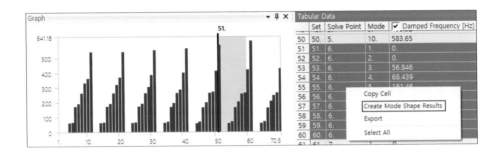

15 Outline > Solution > RMB > Evaluate All Results를 선택하여 결과를 출력합니다.

16 동영상 기능을 사용하여 Forward, Backward 거동을 확인할 수 있습니다.

17 Outline > Solution > RMB > Insert > Campbell Diagram을 추가합니다.

18 Evaluate하여 Campbell Diagram의 결과를 출력합니다.

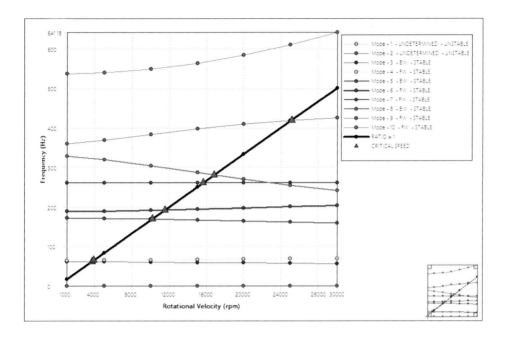

위 과정으로부터 산출된 Campbell Diagram은 고유진동수를 운전속도의 함수로 나타내
는 것으로서 가진 주파수를 함께 나타냅니다. 좌표 원점으로부터 퍼지는 직선 "Ratio =
1"은 1x운전속도의 가진 주파수 선이며 이 선과 고유진동수 선이 교차하는 영역이 잠재
적인 공진 영역을 나타냅니다. 또한 교차점은 Critical Speed를 의미합니다.

08

다물체 동역학 해석

8.1 다물체 동역학 해석 개념

완성 제품은 많은 단품들로 연결되어 있습니다. 이런 단품들의 하중이나 변형에 대한 응답은 운동학적 메커니즘에 기초하게 됩니다. 다물체 동역학 (Multi-Body Dynamic, MBD)은 이런 메커니즘에 기초하여 하나 이상의 단품들의 조합으로 이루어진 다물체 계에 대한 운동 시스템의 응답을 계산하는 것입니다.

그림 8.1 다물체 동역학 모델의 예

1) 강체 동역학(Rigid Dynamic)

강체 동역학은 모델의 모든 파트를 강체로 가정하고 부품들의 움직임만을 관심 있게 보는 해석 방법입니다. 즉 강체 동역학 해석에서는 파트들의 연결 부위인 조인트(Joint) 부위에서만 변위나 회전이 발생하게 됩니다.

2) 유연체 동역학(Flexible Multi-Body Dynamic)

유연체 동역학에서는 관심 있는 파트를 유연체(Flexible Body)로 정의하여 유연체가 포함된 해석을 할 수 있습니다. 즉 변형과 회전이 조인트(Joint) 부위에서뿐만 아니라 유연체 부품 그 자체에서도 발생할 수 있습니다. 또한 유연체 부분에서는 변형률과 응력 등의 결과도 도출됩니다.

8.2 Connection

1) Joint

Joint는 파트들 간 혹은 파트와 그라운드 사이에 적용할 수 있습니다. Ansys Workbench에서는 자유도에 따라 아래의 그림과 같은 일곱 가지 종류의 Joint와 사용자가 직접 자유도 움직임을 제어할 수 있는 General Joint를 제공합니다.

Revolute Joint – Constrained DOF : UX, UY, UZ, ROTX, ROTY

Cylindrical Joint – Constrained DOF : UX, UY, ROTX, ROTY

그림 8.2   Connection – Joint

Translational Joint – Constrained DOF : UY, UZ, ROTX, ROTY, ROTZ

Slot Joint – Constrained DOF : UY, UZ

Universal Joint – Constrained DOF : UX, UY, UZ, ROTY

Spherical Joint – Constrained DOF : UX, UY, UZ

그림 8.2 Connection – Joint (계속)

Planar Joint-Constrained DOF : UZ, ROTX, ROTY

그림 8.2 Connection-Joint (계속)

2) Contact

구조 해석의 접촉 설정과 같이 마찰력을 포함한 비선형 접촉 조건 적용이 가능합니다.
아래 표는 접촉 조건에 따른 방향 별 모델의 거동을 나타냅니다.

표 8.1 접촉 조건에 따른 방향 별 모델의 거동

접촉(Contact) 타입	Normal Direction Separate	Tangential Direction Slide
Bonded	×	×
No Separation	×	○
Rough	○	×
Frictionless	○	○
Frictional	○	○(미는 힘보다 마찰력이 작은 경우)

3) Spring

Spring 조건은 파트와 파트 사이 혹은 파트와 그라운드 사이에 자유롭게 설정할 수 있습니다. 설정하게 되면 〈그림 8.3〉과 같이 표현됩니다.

4) Bushing

Bushing 조건은 면, 모서리, 꼭짓점 및 파트, 그라운드 사이에 자유롭게 설정할 수 있습니다. 강성(Stiffness) 매트릭스와 감쇠(Damping) 매트릭스를 입력하여 Bushing 현상을 구현할 수 있습니다(그림 8.4).

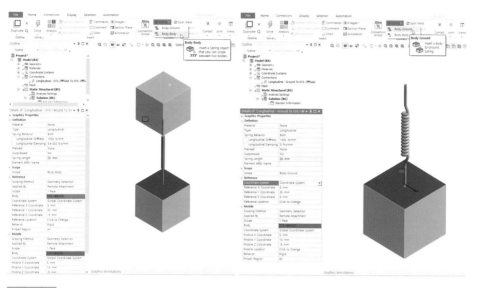

그림 8.3 Connection - Spring

Stiffness Coefficients

Stiffness	Per Unit X (mm)	Per Unit Y (mm)	Per Unit Z (mm)	Per Unit θx (°)	Per Unit θy (°)	Per Unit θz (°)
Δ Force X (N)	50000					
Δ Force Y (N)	0.	70000				
Δ Force Z (N)	0.	0.	0.			
Δ Moment X (N·mm)	0.	0.	0.	0.		
Δ Moment Y (N·mm)	0.	0.	0.	0.	0.	
Δ Moment Z (N·mm)	0.	0.	0.	0.	0.	0.

Damping Coefficients

Viscous Damping	Per Unit X (mm)	Per Unit Y (mm)	Per Unit Z (mm)	Per Unit θx (°)	Per Unit θy (°)	Per Unit θz (°)
Δ Force * Time X (N·s)	50.					
Δ Force * Time Y (N·s)	0.	70.				
Δ Force * Time Z (N·s)	0.	0.	0.			
Δ Moment * Time X	0.	0.	0.	0.		
Δ Moment * Time Y	0.	0.	0.	0.	0.	
Δ Moment * Time Z	0.	0.	0.	0.	0.	0.

그림 8.4 Connection - Bushing

8.3 강체 동역학(Rigid Dynamic) 해석 연습문제

피스톤 거동 해석

모델 파일 : http:edu.tsne.co.kr/ > 기술자료 > MBU > 왕초보_7판_예제.ZIP > engine.igs

기타 설정 사항	
항목	설정 내용
해석 시스템	Rigid Dynamics
단위 시스템	Metric(kg, mm)
적용 재질	Structural Steel
경계 조건	Joint Connection, Revolute joint 1 rev/s

01 Ansys Workbench를 실행하고, Rigid Dynamics System을 생성합니다.

02 생성한 시스템의 Geometry Cell에서 RMB > Import Geometry로 예제 모델을 불러 옵니다.

03 Model Cell을 더블 클릭하여 Mechanical Application(Simulation)을 실행합니다.

04 Rigid Dynamics 해석은 모든 Body가 강체(Rigid Body)로 설정됩니다. 만약 Body를 유연체로 설정하여 해석을 진행하실 경우에는 Transient Structural을 사용해야 합니다.

05 Connections에 자동으로 생성된 접촉 조건을 모두 삭제합니다. 강체 동역학에서는 파트들 간의 연결성을 Contact가 아닌 Joint로 설정합니다.

06 먼저 모델링되어 있지 않은 부위와의 관계를 정의해주는 Body-Ground의 Fixed
Joint를 이용하여 실린더 블록을 3차원 공간인 Ground에 고정합니다.
(Connections > Joint > Body-Ground > Fixed)

07 Revolute Joint를 추가하여 크랭크 축을 Ground와 회전하는 운동학적 관계를 정의
하되 Z축을 중심으로 회전하도록 좌표계를 변경합니다.

이때 Detail View > Reference > Coordinate System을 선택하면 좌표계의 방향을 수
정할 수 있습니다. 먼저 Z축을 선택하면(아래 그림 좌측) 어느 방향으로 변환할 것인
지 선택할 수 있도록 좌표 모양이 변경(아래 그림 우측)됩니다. 크랭크 축 방향과 동
일한 Y축을 선택하면 위 그림처럼 Z축과 크랭크 축이 동일한 방향으로 설정됩니다.

08 Body-Body Translational Joint를 추가하여 실린더 블록과 피스톤의 왕복 운동을 정의합니다. 왕복 운동은 X축을 기준으로 하기 때문에 실린더 블록의 내면의 축 방향으로 X축을 변경합니다. Translational Joint의 Mobile Body인 피스톤의 바깥 면을 선택합니다. Reference Body인 실린더 블록과 자유도 방향(X축)이 동일한지 확인합니다.

09 Body-Body Fixed Joint를 추가하여 핀의 자유도를 피스톤에 고정시킵니다.

10 Body-Body Revolute Joint 를 추가하여 핀과 커넥팅 로드의 회전 자유도를 일치시킵니다.

Reference Body에 핀 바깥 면을 지정하고 Z축을 핀의 축 방향과 일치시킵니다. 그다음에 Mobile Body에 커넥팅 로드의 안쪽 면을 지정합니다.

11 Body-Body Fixed Joint를 추가하여 커넥팅 로드에 캡의 자유도를 고정시킵니다.

12 Body-Body Revolute Joint
를 추가하여 커넥팅 로드
와 베어링의 회전 자유도
를 일치시킵니다.

Reference Body에 커넥팅
로드 안쪽 면을 지정하고
Z축을 축 방향과 일치시킵
니다. Mobile Body에 베어
링의 바깥 면을 지정하고 Z
축을 일치시킵니다.

13 Body-Body Revolute Joint를 추가하여 베어링과 크랭크 축의 회전 자유도를 일치시
킵니다.

Reference Body에 베어링 바깥(또는 안쪽) 면을 지정하고 Z축을 축 방향과 일치시킵니다. 그다음에 Mobile Body에 크랭크 축의 바깥 면을 지정하고 Z축을 일치시킵니다.

14 자유도 구속 조건을 확인합니다. Ground와 크랭크 축에 회전 자유도를 부여한 Revolute Joint를 선택한 후, Context Toolbar에서 Configure를 선택합니다. Revolute Joint의 회전 자유도가 화면에 표시되며 마우스로 조작하여 조립 상태를 확인해볼 수 있습니다.

15 Outline의 Analysis Settings를 선택하고 Detail View에서 Step End Time을 1s로 설정합니다.

1초 동안의 운동 메커니즘을 해석하도록 설정하겠습니다.

16 운동 메커니즘을 해석하기 위해 구동 조건을 부여합니다.

Tree Outline > RMB > Insert > Joint Load를 추가합니다. Detail View > Joint 항목
에 크랭크 축의 Revolute-Ground-Body를 설정합니다. 회전 조건은 1초에 360° 회전
을 설정합니다.

17 결과 항목으로 Directional Velocity를 추가하고 Orientation을 Z축으로 설정합니다.

18 해석(Solve)을 수행합니다.

19   결과 항목을 확인합니다.

Timeline을 통해 운동 메커니즘을 동영상으로 확인할 수 있습니다.

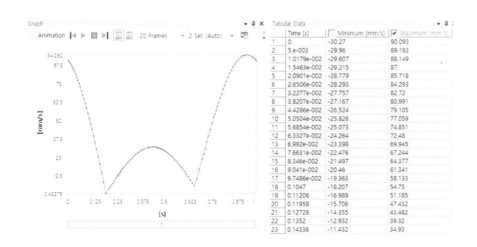

유연체 동역학 해석의 경우, 모델을 불러온 후 파트들의 속성을 부여할 때 관심 있는 파트의 Stiffness Behavior를 Flexible로 설정하고 그 파트에 한해서만 Mesh를 생성하면 나머지 해석 절차는 강체 동역학 해석과 동일합니다.

09

피로 해석

9.1 피로 해석 개념

유한요소해석은 기계설계에서 빠질 수 없는 필수적인 부분입니다. 하지만 다음과 같은 매우 중요한 질문에 대한 해답은 되지 못합니다. "이 부품은 얼마나 오랫동안 사용할 수 있는가?" "사용 중에 파단이 될 확률은 얼마 정도인가?" "설계를 어떻게 변경해야 최상의 내구성을 가지게 되는가?" 구조물은 힘, 변위, 가속도 등의 하중 반복에 의하여 균열이 생성되고, 이 균열이 성장하여 최종적으로 파단되는데 이러한 현상을 피로 파괴라고 합니다.

반복되는 하중에 대하여 구조물의 피로 손상을 방지하기 위해 Ansys Workbench에서는 응력-수명(Stress-Life) 및 변형률-수명(Strain-Life) 기반의 피로 해석을 수행할 수 있습니다.

9.2 Stress-Life 피로 해석

응력-수명 방법은 구조물에 발생하는 응력이 재료의 탄성 영역 내에 있고 일정한 진폭과 긴 수명을 가진 경우에 주로 적용됩니다. 단수명에서 발생하는 소성 변형은 고려하지 못하므로 초기 파손에 대한 피로 수명 예측에는 잘 사용하지 않습니다. 응력-수명 방법의 가장 유용한 개념은 무한 수명 또는 안전 응력의 설계에 사용되는 피로 한도이며, 1,000Cycle 이하의 단수명을 평가하는 데에는 적합하지 않습니다.

1) S-N 선도

기계 재료에 되풀이해서 가해져 파괴를 일으키는 응력(변형력)의 반복 횟수와 그 진폭(Amplitude)의 관계를 나타내는 곡선을 S-N(Alternating Stress, S-Life to Failure, N Cycle) 선도라고 합니다.

파괴되기까지 응력의 반복 횟수는 가해지는 응력 진폭에 상당히 큰 영향을 받습니다. 이 관계를 보기 위해 응력 진폭(Stress Amplitude)을 세로 축에, 그 응력 진폭을 가했을 때 재료가 파괴되기까지의 반복 횟수를 가로 축에 적용하여 로그 스케일로 곡선을 그려보면, 일반적으로 금속 재료의 S-N 곡선은 응력 진폭이 작을수록 파괴까지의 반복 횟수는 증가됨을 확인할 수 있습니다. 그리고 응력 진폭이 어느 값 이하가 되면 무한히 반복하더라도 파괴되지 않는데, 이처럼 S-N 곡선이 수평이 되는 시점의 한계 응력을 그 재료의 피로 한도 또는 내구한도라고 합니다.

그림 9.1 응력-수명 선도

2) 평균 응력 효과(Mean Stress Effects)

재료의 피로 특성은 완전히 교번되는 일정 진폭의 변형률 제어 시험으로 얻습니다. 따라서 시험 시에는 교번 하중에 대한 재료의 평균 응력은 0이 되지만, 실제 부재는 이런 형태의 하중을 받는 경우가 거의 없습니다. 대부분의 경우 평균 응력은 피로 수명에 많은 영향을 끼치며, 특히 장수명에서 평균 응력은 압축 하중과 함께 피로 수명을 증가시키거나 인장 하중과 함께 피로 수명을 감소시킬 수 있습니다. 따라서 피로 해석을 수행할 때 평균 응력 효과를 고려해야 보다 정확한 피로 수명을 예측할 수 있습니다.

- $\sigma_{max} - \sigma_{min} =$ 응력폭(Stress Range)
- $\sigma_a = (\sigma_{max} - \sigma_{min})/2 =$ 응력 진폭(Stress Amplitude)
- $\sigma_m = (\sigma_{max} + \sigma_{min})/2 =$ 평균 응력(Mean Stress)
- $\sigma_R = \sigma_{min}/\sigma_{max} =$ 응력비(Stress Ratio)

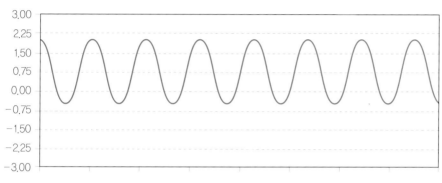

Constant Amplitude Load Ratio

그림 9.2 비례적 하중

하중 상태에 따른 응력비 R 값은 다음과 같습니다.

- 교번 하중(Fully Reversed Loading)은 크기는 같고 방향은 반대인 하중을 의미하며, $\sigma_m = 0$, R = -1입니다.
- Zero-Based Loading은 하중이 적용되고 제거되는 반복 하중을 의미하며, $\sigma_m = \sigma_{max}/2$, R = 0입니다.

평균 응력 식에 대한 일반적인 개념은 다음과 같습니다.

❶ Goodman 이론의 경우 연강에 적합하며, 압축 평균 응력에 대해서는 고려되지 않습니다.

❷ Soderberg 이론은 Goodman 이론보다 더 보수적이며 주로 취성 재질에 쓰입니다. 그러나 과도한 설계 치수 산정으로 거의 사용되지 않습니다.

❸ Gerber 이론은 압축 평균 응력의 유해성을 고려하여 피로 수명을 예측할 때 적합합니다.

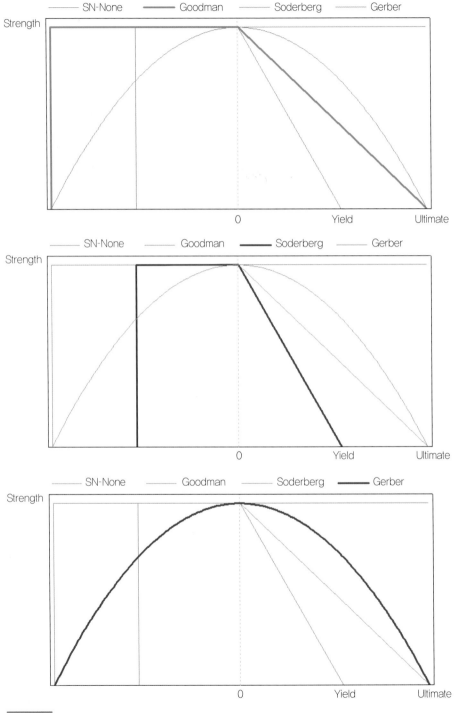

그림 9.3 평균응력 수정이론

9.3 Strain-Life 피로 해석

변형률-수명 방법은 하중에 대한 구조물의 반응이 변형률이나 변위에 의존한다는 것에 기초하여 수명을 계산하는 방법입니다. 하중이 낮은 조건에서 응력과 변형률은 선형적인 관계를 가집니다. 이 경우 하중과 변형률의 관계도 선형적이라고 볼 수 있습니다. 하지만 하중이 높은 수준에서 반복적으로 가해지는 경우 구조물의 거동은 소성 변형을 동반하며 이를 고려하기 위해서는 응력이 아닌 변형률을 가지고 피로 수명을 계산해야 합니다. 변형률-수명 방법은 비교적 큰 하중에 의해 제품이 초기에 파단되는 경우에 주로 사용됩니다.

1) ε-N 선도

전체 변형률은 탄성 변형률과 소성 변형률 2개의 성분을 가집니다. ε-N 선도는 탄성 변형률과 소성 변형률을 log-log 그래프상에서 직선으로 표현하고 두 성분을 합하여 전체 변형률을 표현한 것입니다. 큰 변형률 진폭에서 변형률-수명 곡선은 소성 변형률 곡선에 근접하게 되고 작은 변형률 진폭에서는 탄성 변형률 곡선에 근접합니다.

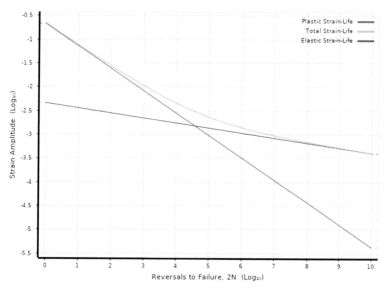

그림 9.4 변형률-수명 선도

2) 평균 응력 효과(Mean Stress Effects)

변형률-수명 방법에서도 평균 응력에 대한 영향을 고려할 수 있으며, Morrow 이론 식과

SWT 이론 식을 적용하여 피로 수명을 계산할 수 있습니다.

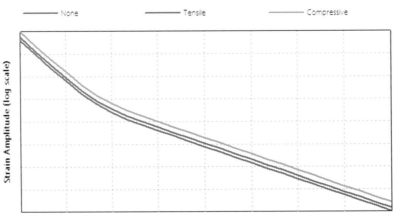

그림 9.5 변형률 수명방법에서의 평균응력 수정 이론

9.4 피로 해석 연습문제

Hook 피로 해석

> 모델 파일 : eTSNE홈페이지 > 전문자료실 > 왕초보_7판_예제.ZIP > hook.agdb

다음과 같은 Hook에 하중이 걸립니다. 이때 전체 변형량과 등가 응력을 확인하고, 피로 해석을 수행하여 수명을 예측해봅니다.

기타 설정 사항	
항목	**설정 내용**
해석 시스템	Static Structural, Fatigue Tool
단위 시스템	Metric(kg, mm)
적용 재질	Structure Steel
하중 조건	Force : 40,000N, −y Direction

01 Ansys Workbench를 실행하고, Static Structural System을 생성합니다.

02 해석에 사용할 재료 물성은 Engineering Data 기본 물성인 Structural Steel입니다.

03 생성한 시스템의 Geometry Cell에서 RMB > Import Geometry로 예제 모델을 불러
옵니다.

04 Project Schematic에 생성된 Static Structural System의 Model Cell을 더블 클릭하여
Mechanical Application을 실행합니다.

05 해석 모델에 재료 물성을 정의합니다.

06 해석 모델에 생성할 Mesh의 크기를 Global Control 설정에서 10mm로 정의합니다.

07 해석 모델에 육면체 Mesh를 생성하기 위하여 Tree Outline > Mesh > RMB > Insert
> Method를 추가하고 Detail View에서 Method를 Hex Dominant로 설정합니다.

08 Mesh > RMB > Generate Mesh를 실행합니다.

09 구속 조건을 부여합니다.

Fixed Support를 추가하고 Hook 상단 Hole을 지정합니다.

10 하중 조건을 부여합니다.

Force 조건을 생성하고 Hook 중앙의 면을 지정합니다. Force는 Y 방향으로 −40,000N을 입력합니다.

11 해석을 실행합니다. 해석이 완료되면 응력 결과를 살펴봅니다.

최대 응력은 약 215.53MPa이 발생하였습니다. 안전 계수 확인을 위해 다음 결과 항목을 생성합니다.

12 Solution > RMB > Insert > Stress Tool 항목을 추가합니다.

Structure Steel의 경우 인장 항복 강도가 250MPa이므로, 인장 항복 강도를 기준으로 안전 계수를 계산해보면 약 1.1599 정도가 됩니다.

13 이제 피로 해석을 수행합니다. 피로 해석을 수행하려면 재료 물성 중 S−N 선도 또는 ε−N 선도가 필요합니다. Structure Steel의 경우 Ansys Workbench 기본 Engineering Data에 이 값을 가지고 있습니다. Engineering Data Cell을 더블 클릭 또는 RMB > Edit을 선택하여 데이터를 확인합니다.

14 Alternating Stress를 클릭하면 응력–수명 피로 수명 방법에 사용되는 데이터를 확인
   할 수 있습니다.

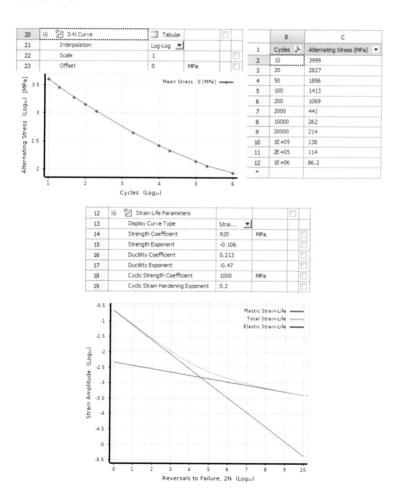

15 Tree Outline의 Solution에서 RMB > Insert > Fatigue > Fatigue Tool을 추가합니다.

16 생성된 Fatigue Tool에서 RMB > Life를 추가합니다.

17 Fatigue의 Detail View에서 Loading Type을 Zero-Based(하중이 적용, 제거를 반복)로
설정합니다. Analysis Type을 Stress-Life로 설정하여 응력–수명 방법으로 피로 수명
을 계산하게 합니다.
Mean Stress Theory는 Goodman으로 변경합니다. Goodman은 Ultimate Stress를 기
준으로 피로 수명을 계산하는 이론입니다.

18 Fatigue Tool을 선택하고, RMB후에 Evaluate All Results를 선택하여 피로 해석을 진
행합니다.

피로 해석은 Post Process이므로 Solve를 하더라도 다시 해석을 하는 것이 아니고,
피로 계산만 진행하기 때문에 시간이 오래 걸리지 않습니다.

19 수명을 보면 최대 응력이 발생하는 위치에서 최소 수명이 발생하고 있습니다.
최소 수명은 93,056회입니다.

10

전기-열 해석

10.1 전기와 열의 관계

도체에 전기를 인가하면 줄열(Joule Heating)이 발생합니다. 1841년에 영국의 물리학자 James Joule에 의하여 발견된 이 현상은 도선에 전류가 흐를 때 전기 저항에 의해 발생하는 열, 즉 전기 에너지가 열로 바뀌는 현상입니다. 전하가 흐르는 도체에서 저항과 전류 밀도의 제곱에 비례하여 발열이 발생하며, 전류의 방향과는 무관한 현상입니다.

$$Q = \rho J^2$$

- Q : 단위 체적당 발열량(W/m^3)
- ρ : 전기 저항(Ohm-m)
- J : 계산된 전류 밀도(Amps/m^2)

이러한 현상을 Ansys로 해석하기 위해서는 〈그림 10.1〉 위쪽 그림과 같이 Ansys Workbench의 Electric과 Thermal 해석을 구성하여 발열량으로 도체의 온도가 증가하는 문제를 고려할 수 있습니다. 또한 〈그림 10.1〉의 아래쪽과 같이 Thermal-Electric System 을 사용하면 전기와 열의 상호 작용에 대한 문제를 고려할 수도 있습니다.

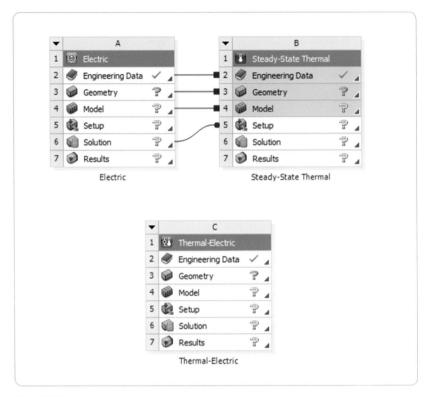

그림 10.1 Ansys Workbench를 이용한 전기-열 해석

일반적으로 물질의 저항 값은 온도에 따라 변하는데, 도체는 온도가 상승하면 전기 저항이 증가하지만 반도체나 절연체에서는 오히려 감소하는 경향을 보입니다. 열전도도 또한 온도에 따라 변하는데, 금속의 경우 온도가 증가함에 따라 약간 감소하는 경향을 보입니다. 따라서 도체 내에서 줄열이 발생할 경우 온도가 상승하면서 전기 저항이 증가하고 열전도도가 감소하면서 도체 내에 축적되는 열에너지는 점점 증가하게 됨으로써 냉각 효과가 미비할 경우 제품이 뜨거운 열 때문에 손상될 수도 있습니다. Ansys에서는 전기의 전도와 열의 전도 현상으로 서로에 영향을 주는 상호 작용에 대한 연성 해석(Coupled-Field Analysis)을 쉽게 고려할 수 있습니다.

10.2 전기-열 해석 연습문제

Fuse의 전기-열 해석

> 모델 파일 : eTSNE홈페이지 > 전문자료실 > 왕초보_7판_예제.ZIP > fuse.agdb

퓨즈는 연결된 회로에 규정값 이상의 과도한 전류가 계속 흐르지 못하게 자동적으로 차단하는 안전 장치입니다. 과전류가 흐를 경우 전류에 의해 열이 발생하게 되고 이 열에 의해 퓨즈가 녹아 끊어져 과전류를 차단하게 되는 원리입니다. 이번 예제에서는 퓨즈에 전류를 인가하여 전류 밀도에 의한 발열량을 확인하고 이 발열량 분포를 이용하여 열 분포를 해석하는 전기-열 연성 해석을 진행합니다.

기타 설정 사항	
항목	설정 내용
해석 시스템	Electric-Thermal
단위 시스템	Metric(m, kg, N, s, V, A)
적용 재질	Magnesium Alloy, Polyethylene
하중 조건	10 A, Imported Load

01 Ansys Workbench를 실행하고, Electric System을 생성합니다.

02 해석에 사용할 재료 물성을 정의하기 위해 Electric System의 Engineering Data Cell 을 더블 클릭하거나 또는 RMB(마우스 오른쪽 버튼) > Edit…를 선택합니다.

03 Engineering Data의 Engineering Data Sources를 열어 General Materials Library에서 Magnesium Alloy와 Polyethylene을 추가합니다. Engineering Data Sources를 끄고 Magnesium Alloy와 Polyethylene의 저항 물성치를 확인합니다.

04 Polyethylene은 Isotropic Resistivity 값이 없기 때문에 사용자가 직접 입력해 주어야 합니다.

Toolbox에서 Isotropic Resistivity를 선택하여 Engineering Data Sources의 Polyethylene에 추가하고 1 ohm-m로 입력합니다. Polyethylene은 부도체이기 때문

에 Isotropic Resistivity 값이 일반 도체보다 큰 값을 가지도록 설정됩니다. (이 예제에서 온도 의존성 데이터는 고려하지 않습니다.)

05 상단의 Project를 클릭하여 기존의 Project Schematic 환경으로 복귀합니다.

06 Electric System의 Geometry Cell에서 RMB > Import Geometry로 예제 모델을 불러옵니다.

07 Mechanical을 구동하기 위해 Model Cell을 더블 클릭하거나 또는 RMB > Edit⋯를
선택합니다.

Electric

08 단위계를 아래와 같이 변경합니다.

☞ Metric (m, kg, N, s, V, A)

09 각 Part에 재질을 적용합니다. 퓨즈 커버에 Polyethylene을 적용하고 퓨즈에
Magnesium Alloy를 적용합니다.

10 퓨즈와 커버의 접촉 조건은 Bonded 상태로 둡니다.

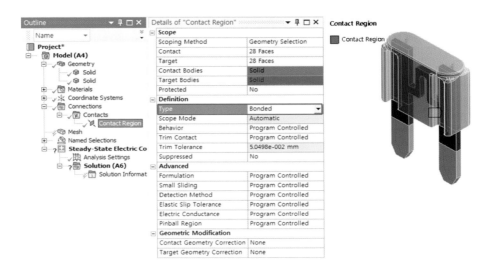

11 Mesh에 Method 조건을 추가하고 퓨즈와 커버에 Hex Dominant 조건을 설정합니다.

12 Mesh에 Size Control 조건을 추가하고 퓨즈와 커버를 선택한 후 Element Size에 5e-4m를 입력합니다.

13 Mesh를 생성하기 전에 Virtual Topology 기능으로 조각난 Geometry를 수정합니다.
Tree Outline의 Model에서 RMB > Insert > Virtual Topology를 추가합니다.
모델에서 작게 분할되어 있는 면들은 Mesh 생성에 문제를 일으킵니다. 따라서 조각
난 면들을 합쳐 하나의 면으로 재생성합니다. 이를 위해 주변 넓은 면들과 같이 선
택한 후 Merge Cell을 선택합니다.

☞ Geometry 정보가 소실되기 때문에 형상의 변형이 발생될 수 있으므로 사용에
주의해야 합니다.

14 상단 Fillet 네 곳에 대해 Virtual Cell 작업을 완료하고 Mesh를 생성합니다.

이 모델에서 Virtual Cell 작업을 하지 않으면 Mesh가 생성되지 않습니다.

15 퓨즈에 전류 10A를 인가합니다.

적용되는 위치는 Named Selection으로 설정한 NS_IN을 사용합니다.

☞ 경계 조건으로 전류가 아닌 전압을 알고 있다면 Current 조건이 아닌 Voltage 조
건을 사용해서 적용할 수 있습니다.

16 Ground 조건을 적용하기 위해 Voltage 조건을 추가하고 값에는 0을 입력합니다.
적용되는 위치는 Named Selection으로 설정한 NS_OUT을 사용합니다.

17 결과 항목으로 전류 밀도 확인을 위해 Total Current Density를 추가하고, 발열량을
확인하기 위해 Joule Heat를 추가합니다.

18 Solve를 선택하여 해석을 진행합니다.

19 해석이 완료되면 결과를 살펴봅니다. 추가로 퓨즈만 선택하여 결과를 확인합니다.

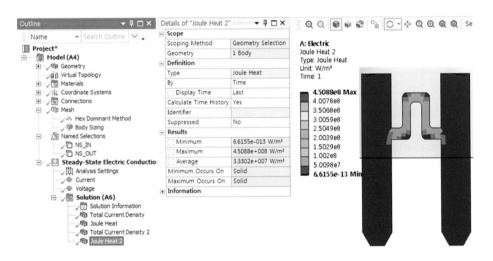

20 Project Schematic 환경으로 돌아옵니다. Electric System에 Steady-State Thermal System을 연결하여 생성합니다. 6번 Solution Cell까지 연결되어야 전류 밀도에 의한 발열량이 열전달 해석의 초기 조건으로 적용됩니다.

21 Model Cell을 더블 클릭하여 Mechanical Application을 실행합니다.

22 퓨즈 커버 표면에 대류 조건을 적용해야 합니다. 커버 옆면과 밑면을 선택한 후
Extend to Limits로 곡률에 의해 연결된 Face 모두를 자동 선택하여 지정합니다.
대류 계수는 Workbench에서 제공하는 데이터를 사용합니다. Convection Data들 중
에서 Stagnant Air-Simplified Case 항목을 적용합니다. (적용 과정은 열전달 예제를
참고하시기 바랍니다.)

23 Imported Load 항목은 외부 해석 시스템의 결과를 읽어 들여 초기 조건으로 적용합
니다. 본 예제에서는 Electric System에서 해석한 결과 데이터가 적용되도록 해석 시
스템을 생성하였기 때문에 전류 밀도에 의해 발생되는 발열량이 적용될 것입니다.

Imported Heat Generation 항목에서 RMB > Import Load를 실행하여 데이터를 초기 조건으로 퓨즈에 적용합니다.

24 결과 항목으로 온도 분포 확인을 위해 Temperature를 추가합니다. 퓨즈에 대한 온도 분포와 열속 분포를 확인하기 위해 결과 항목을 추가하고 퓨즈만 적용합니다.

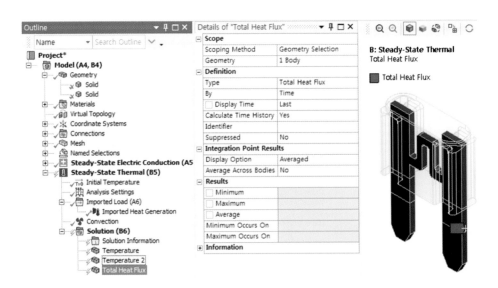

25 해석을 실행합니다. 해석이 완료되면 결과를 확인합니다.

푸즈에서 발생되는 온도는 965.54℃로 계산되었습니다. Magnesium Alloy의 용융 온도는 649℃이므로 10A의 전류가 인가되었을 경우 푸즈가 녹아 끊어져 전류가 차단될 것임을 살펴볼 수 있습니다.

11

최적화 해석

11.1 최적화 해석 개념

보다 좋은 제품을 설계하려면 재료 물성, 모델 형상, 경계 조건 등 여러 경우들을 고려하여 적합한 설계조건을 결정해야 합니다. 그러나 모든 조건들에 대해서 모델의 형상과 해석 조건, 재료 물성 등을 변경하며 해석하는 것은 많은 시간과 노력이 필요합니다.

　이런 문제점을 해결하기 위하여 Ansys Workbench는 재료 물성, 해석 조건, 모델 형상 치수 등을 변수로 정의하고 간편하게 해석을 수행할 수 있도록 매개변수(Parameter) 해석 기능을 제공합니다. 매개변수로 설정할 수 있는 항목들은 아래와 같습니다.

- CAD 모델에서 매개변수로 정의된 치수(지름, 길이, 높이, 두께 등)
- 재료 물성 값(Young's Modulus, Density, Poisson's Ratio 등)
- 모든 하중 경계 조건(Force, Pressure, Moment 등)
- 해석 결과 항목(등가 응력, 변형량, 변형률 등)

11.2 DesignXplorer

Ansys Workbench에서 사용할 수 있는 최적화 제품인 DesignXplorer는 부품과 조립품을 해석하여 얻은 결과를 바탕으로 매개변수들 사이의 관계를 이해하고 최적의 값을 도출하는 강력한 기능을 제공합니다. DesignXplorer는 실험 계획법(DOE)에 기반한 결정론적 방법 외에 다양한 최적화 방법들을 사용할 수 있습니다. 사용을 위해서는 기본적으로 매개변수 설정이 필요하며, Analysis System, DesignModeler 및 여러 CAD Systems로부터 생성된 매개변수들을 사용할 수 있습니다.

DesignXplorer의 하위에는 아래와 같은 System이 있습니다.

- Parameter Set : 매개변수 변경에 따른 응답을 Case Study 방식으로 구할 수 있음
- Parameters Correlation : 설정된 매개변수와 응답변수들의 상관 관계를 살펴볼 수 있음
- Response Surface : 매개변수와 응답변수들의 상관 관계를 특정 회귀 모델을 기반으로 생성하고 분석
- Response Surface Optimization : 제한 조건과 목적 함수를 고려한 최적화 수행
- Six Sigma Analysis : 산포가 있는 입력 변수에 대한 통계적 분석 기법 제공

11.3 최적화 해석 연습문제

Beam 구조물의 강성 최적화 해석

Beam 구조물의 형상과 강성 변화에 따른 변형량을 알아봅니다.

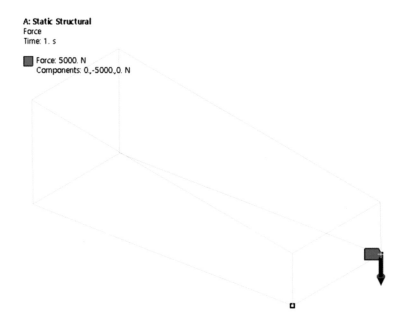

기타 설정 사항	
항목	설정 내용
해석 시스템	Design Modeler, Static Structural
단위 시스템	Metric(m, kg, N, s, V, A)
적용 재질	Magnesium Alloy
하중 조건	5000N

01 Static Structural System을 생성한 후 Geometry Cell을 마우스 오른쪽 버튼을 클릭하여 DesignModeler를 실행합니다.

02 DesignModeler 실행 후, Menu > Units > Meter를 선택합니다.

03 Menu > Create > Point 기능을 실행한 다음, Definition 항목을 Manual Input으로 설정합니다. Detail View에 4개 점의 좌표를 입력하고 Generate합니다. 이때 Point Group은 Detail View에서 RMB(마우스 오른쪽 버튼)로 추가할 수 있습니다.

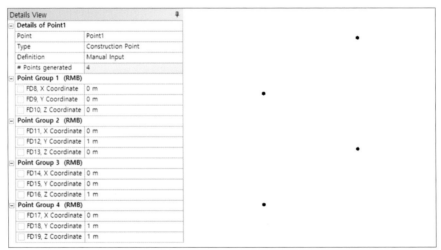

04 같은 방법으로 또 다른 4개의 점을 생성합니다.

05 Menu > Concept > Line From Points 기능을 실행하고, 키보드 Control Key를 눌러서 생성된 Point들을 다중 선택, 연결하여 12개의 Line이 생성되도록 연결한 후 Generate합니다.

06 Menu > Concept > Cross Section > Circular를 실행한 후 반경 값으로 0.05m를 입력합니다.

07 Line Body를 선택하고 Cross Section에 Circular1을 지정하고, Menu > View > Cross Section Solids를 선택하여 아래 그림과 같이 설정한 단면 정보를 형상으로 표시해봅니다.

08 Menu > Tools > Parameters 를 실행합니다. Parameter Manager가 활성화되면 Design Parameters Tab의 입력 시트에 DS_R_Section = 0.05를 입력합니다. 사용자 가 직접 정의한 매개변수로

모델에 정의된 치수를 조절하게 됩니다.

외부 3D CAD 모델의 매개변수를 Ansys Workbench에서 활용하기 위해 해당 Parameter, 즉 변수 이름 앞에 "DS"를 붙여 변수 이름을 저장합니다. 이는 Ansys Workbench의 기본 설정 옵션에서 매개변수 이름에 DS라는 문자가 포함된 것만 불러들여 사용하도록 설정되어 있기 때문입니다. 이 옵션은 최적화 과정에 필요한 변수들만 구분하여 불러와 사용하기 위한 것입니다(예 : DS_arm_hole_length, DSplate_thickness, DS_hole_rad 등). 단, DesignModeler에서 설정한 매개변수는 DS를 붙이지 않아도 됩니다.

09 Cross Section으로 생성한 Circular1의 반지름 값 설정 항목 앞 빈칸을 클릭하여 매개변수로 설정합니다. Parameter Name 설정 창이 나타나면 변경하지 않고 OK 버튼을 클릭합니다.

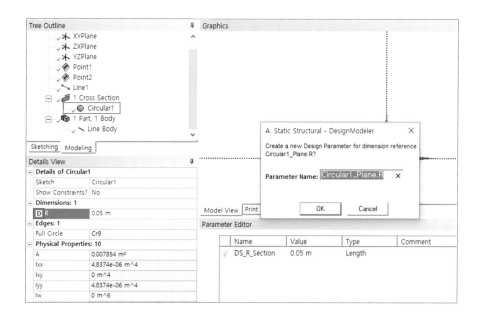

10 모델 치수를 매개변수로 설정하면 Parameter Manager에 자동으로 등록됩니다. 등록된 매개변수를 사용할 수도 있지만 본 예제에서는 앞서 생성한 매개변수가 있으므로 새로 생성된 매개변수는 삭제합니다.

11 Parameter/Dimension Assignments Tab으로 이동하여 Cross Section 반경 치수에 정의된 매개변수를 지정합니다. 매개변수 앞에는 반드시 @ 기호가 입력되어야 합니다. 치수와 매개변수의 관계를 정의하면 Check 항목을 클릭하여 서로 간에 문제가 있는지 확인할 수 있습니다. 매개변수로 정의한 값이 0.05이고 적용된 값도 0.05임을 확인할 수 있습니다.

12 DesignModeler에서 매개변수를 설정하
면 Parameter Set Bar가 생성되고 이곳
에서 관리됩니다.

13 Edit를 선택하여 Engineering Data 환경으로 들어갑니다.

14 Engineering Data에 Magnesium Alloy를 추가하고 Young's Modulus를 매개변수
로 설정합니다. 이때 해석 시스템에 사용하기 위한 재료 선택 방법은 제2장의
Engineering 설정 부분에서 확인하시기 바랍니다. Magnesium Alloy를 Ansys Library
인 General Materials에서 선택합니다.

Outline of Schematic A2: Engineering Data

	A	B	C	D	E
1	Contents of Engineering Data			Source	Description
2	⊟ Material				
3	🔖 Magnesium Alloy	▼	☐	G	
4	🔖 Structural Steel	▼	☐	G	Fatigue Data at zero mean stress comes from 1998 ASME BPV Code, Section 8, Div 2, Table 5-110.1
*	Click here to add a new material				

Properties of Outline Row 3: Magnesium Alloy

	A	B	C	D	E
1	Property	Value	Unit	⊗	ᵖ⌐
2	🗹 Material Field Variables	🔳 Table			
3	🗹 Density	1800	kg m^-3		
4	⊟ 🗹 Isotropic Secant Coefficient of Thermal Expansion			☐	
5	🗹 Coefficient of Thermal Expansion	2.6E-05	C^-1		☐
6	⊟ 🗹 Isotropic Elasticity				
7	Derive from	Young's Modu...			
8	Young's Modulus	4.5E+10	Pa		☑
9	Poisson's Ratio	0.35			☐
10	Bulk Modulus	5E+10	Pa		☐
11	Shear Modulus	1.6667E+10	Pa		☐
12	🗹 Tensile Yield Strength	1.93E+08	Pa	☐	☐
13	🗹 Compressive Yield Strength	1.93E+08	Pa	☐	☐
14	🗹 Tensile Ultimate Strength	2.55E+08	Pa	☐	☐
15	🗹 Compressive Ultimate Strength	0	Pa	☐	☐

15 Setup Cell을 더블 클릭하여 WB Mechanical을 실행합니다.

16 Line Body에 Magnesium Alloy를 적용합니다.

17 Line Body 뒤편 4개 점에 Fixed Support 조건을 적용합니다.

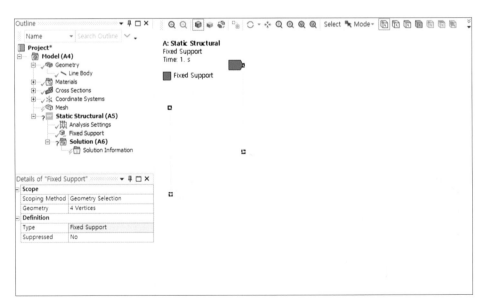

18 Line Body 앞부분 밑에 2개 점에 Force 조건을 적용하고 Y방향으로 −5000N을 입력합니다.

19 결과 항목으로 Directional Deformation을 추
    가한 후 Y방향으로 설정합니다. Beam이 −Y
    방향으로 변형될 것이므로 Minimum 항목을
    Output Parameter로 설정합니다.

20 Line Body의 질량을 Output Parameter로 설정합니다.

21 Project 환경으로 돌아옵니다. Parameter Set Bar를 더블 클릭하여 설정 환경으로 들어갑니다.

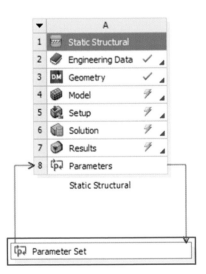

22 DesignModeler에서 생성한 2개의 Input Parameter와 Mechanical에서 생성한 2개의
Output Parameter를 확인합니다.

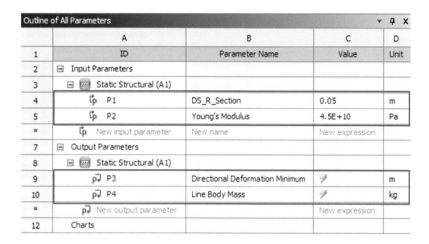

23 매개변수 설정 환경에서는 Table에서 Input Parameter를 여러 조건으로 구성한 후
이에 따른 결과를 확인할 수 있도록 제공합니다. 현재 설정된 기본값(Current) 밑으
로 아래와 같이 Cross Section 반경 값과 Young's Modulus를 설정한 후 Update All
Design points를 실행합니다.

24 DP 1(Design Point 1)부터 순서대로 각 조건에 대해 해석을 진행합니다.
해석이 완료되면 Output Parameter로 정의된 부분에 결과가 표시됩니다.

	A	B	C	D	E	F	G	H
1	Name ▼	P1 - DS_R_Section ▼	P2 - Young's Modulus ▼	P3 - Directional Deformation Minimum ▼	P4 - Line Body Mass ▼	☐ Retain	Retained Data	Note ▼
2	Units	m	Pa	m	kg			
3	DP 0 (Current)	0.05	4.5E+10	-0.006456	269.76	☑	✓	
4	DP 1	0.06	4.5E+10	-0.0031599	388.46	☐		
5	DP 2	0.07	4.5E+10	-0.0017376	528.74	☐		
6	DP 3	0.05	4.6E+10	-0.0063156	269.76	☐		
7	DP 4	0.05	4.8E+10	-0.0060525	269.76	☐		
8	DP 5	0.05	5E+10	-0.0058104	269.76	☐		
*						☐		

25 Toolbox에서 Parameters Chart를 더블 클릭하여 Chart를 생성합니다. 생성된 Chart
의 X, Y축 항목에 입력변수와 출력변수를 각각 설정하여 변수 변화에 따른 결과 그
래프를 확인해봅니다.

지금까지의 과정을 Parameter Study (또는 What If Study, Case Study)라고 합니다. 이 단
계에서 더 나아가서 최적화 알고리즘을 사용하게 되면 DP 1~5 중에서 변형량이 가장 적
으면서 구조물의 중량이 늘어나지 않는 최적의 조건을 탐색할 수 있으며, 출력변수 결과
에 가장 큰 영향을 미치는 입력변수는 무엇인지 검토할 수 있는 상관 분석 과정도 진행
할 수 있습니다.

또한 설계 변수의 범위에 대하여 모든 조건을 해석하기에는 많은 시간을 요구하게 되
므로 Design Point의 효율적인 선정(DOE)과 반응 표면 모델(Response Surface Model)에

의한 근사 최적화 기법을 사용하여 효율적인 계산과 제약 조건을 충족하는 목적 함수의 최적값 검색을 다룰 수 있습니다. 이러한 최적화 해석 전체 내용을 모두 설명하기 곤란하므로, 이에 대해서는 ㈜태성에스엔이에서 진행하는 정규 교육과정을 이수하시길 권장합니다.